コミュニティビジネスと建設帰農

―北海道の事例に日本の先端を学ぶ―

〈講演〉　地方発のビジネス～地域活性化へ
（酪農学園大学教授　松本　懿）　2

〈事例報告①〉　地方発、産官学共同から生まれた環境ビジネス
―カムイウッドの開発・販売
（標茶町企画財政課長　佐藤　吉彦）　31

〈事例報告②〉　建設業から低農薬栽培の大規模農業へ進出
―五大農園
（風連町／橋場建設株式会社取締役社長　橋場　利夫）　42

〈事例報告③〉　建設業の異業種参入の先駆事例
―羊牧場とレストラン
（北檜山町／北工建設株式会社総務課長　山北　博明）　55

〈事例報告④〉　農協と建設業とによる新たな地域連携
―農業コントラクター
（JA大樹町事業部長　飯野　政一）　67

〈質疑応答〉…地域産業の新展開
～コミュニティ・ビジネスと建設帰農を巡って　78

地方自治土曜講座ブックレットNo. 111

〈講演〉

地方発のビジネス　～地域活性化へ

松本　懿（酪農学園大学教授）

1　はじめに

道内建設業の多角化に関するいくつかの報告書が私の手元にあります。例えば、平成16年3月の北海道経済部と北海道建設業協会による「平成15年度建設業等の新分野進出・多角化事業」には、全部で146件の事例が紹介されていまして、1次関連が46件、環境リサイクル41件、健康・福祉10件というように、実に多様な取り組みをされていることが解ります。

その中に、「新分野進出にあたっての課題・問題点」に関するアンケート調査の結果があります。最も大きな課題・問題点は「顧客の開拓・マーケティング」、次いで「人材育成・確保、社員教育」、3番目が「製品技術・サービスの企画・開発」となっています（図表1）。これらに関しては、後程の事例報告の中でも触れられることがあるかと思いますが、私も一応こうした課題・問題点を踏まえて話を組み立ててみたいと思います。

もう一点、今日、私には

図表1　新分野進出にあたっての課題・問題点

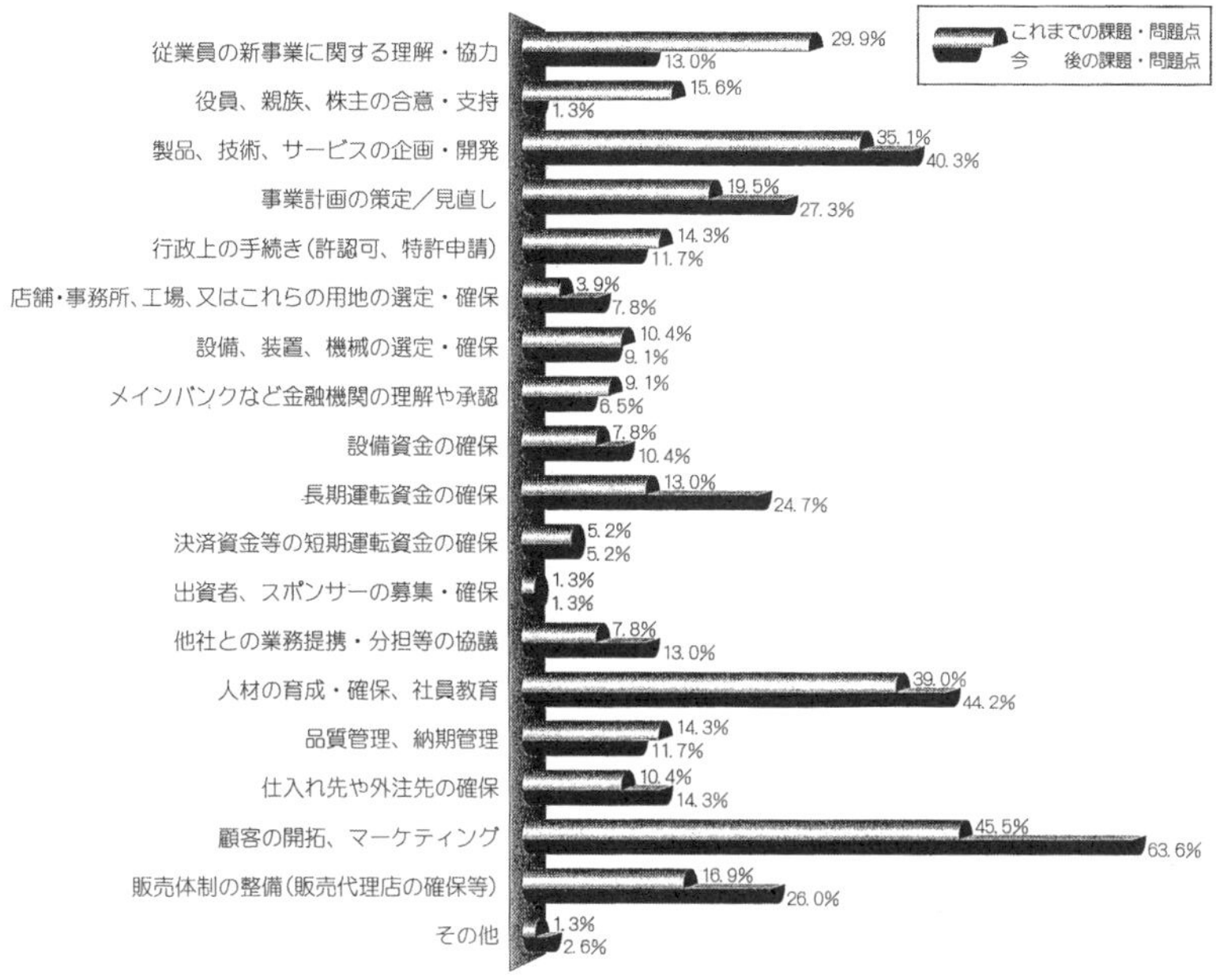

出所：北海道経済部・社団法人北海道建設業協会『平成15年度建設業等の新分野進出・多角化事業～建設業等の新分野進出ゼミナール報告書』平成16年3月、64頁。

「地方発のビジネス」というテーマが与えられております。ただ、私は、こんにちは例えば地方と大都市圏の間に、確かに市場サイズや経営諸資源の蓄積などの点で一見違いはあるにしても、これだけ情報化が進みますと、必ずしも決定的な違いがあるとは思いません。従って、ここでは必ずしも中央・地方、都市部・郡部といった概念にとらわれずに、大企業であれ中小企業であれ、あるいはベンチャービジネス、コミュニティ・ビジネス、ＮＰＯであれ、更には私が所属しております大学や病院、農協・生協など、およそ事業を展開している組織において比較的共通と思われる課題を意識しながら話してみたいと思います。

2　事業の核心

まず、事業の核心です。要するに「事業」とは何かということです。

それは顧客の問題を解決するということに尽きるのではないでしょうか。行政の人から政策を形成するとか地域課題に取り組むといった言葉をよく聞きますが、それが地域社会にあるさまざまな問題を克服し、人々がより豊かな生活を送るためのシナリオを考えることだとするならば、同じような意味合いになろうかと思います。

すべての組織は、基本的に人様に対する「お役立ち競争」をしているのではないかということです。それは、具体的には顧客のニーズに応えるということと、ニーズを創るということの、2つの側面から整理できると思います。

（1）ニーズに応える

提供する側と受け止める側のミスマッチ

東京都の世田谷区ではパートナーシップ型のまちづくりを進めようということで、「まちづくりセンター」を随分前に作りました。そこの所長を長く務めた折戸雄司さんに、私が住んでいる北広島の「まちづくり学会」へ3年ほど前にお越しいただき、「市民と行政・協働のまちづくり」というテーマで講演をしていただきました。

その中で、このようなことを言っていました。彼には5年前に96歳で亡くなったおばあちゃんがいたそうですが、生前デイサービスという事業にあまり行きたがらなかった。「行きなさいよ」と言っても「嫌だよ」と言う。理由を聞くと、「だって、この前も手品をやって見せてくれたんだよ。それが下手っぴいで、仕掛けも全部分かっちゃう。でもさ、一応終わったら拍手しなきゃならないだろ。どっちがボランティアか分からないよ」と言ったそうです。年を取ってもそれなりに分別があるわけですから、提供する側は一定のレベルのものを提供しなければ駄目だということですね。

　更に、「そんなこと言わないで、せっかく迎えにも来てくれるんだし行きなさいよ。どうだったら行きたいの」って聞いたら、「あそこ年寄りばっかりなんだもん。若い男がいる所に行きたい」ですって。要するにニーズと合っていないということですね。

　もう一つ、こんな話もされました。ある商店街が、高齢者の元気を確かめようという趣旨も込めて、「声かけ運動」に取り組んだ。初めは会話も活発になったけれど、そのうち高齢者があまり来なくなった。聞いてみたら、「やめてほしい」と。高齢の方々は、声をかけられ、話をしたら「断れない」って言うんですね。だから、つい買い込んじゃう。野菜も肉も結局は冷蔵庫で腐らせる。それなら、スーパーなどの一人用の小さなパックの方が自分の量に合っているし、好きなものをかごに入れて帰ることができるというわけです。

　私は、大学でベンチャービジネス研究会とボランティア・サークルの顧問をしています。本学の場合、研究室は私が使うスペースと学生用に12、3人入れるスペースがありまして、ゼミはそこでやります。いわば、一つの部屋を間仕切りはしてあるものの完全にくっついている形です。

　つい先日、ボランティアのメンバーが「先生、このスペースを貸してもらえませんか」と言う。「どうした」と聞いたら、「地元の江別市老人クラブの会合に、私たちに来てほしい。われわれと交流してほしいという要請があって、その代表の方々が打ち合わせに来られる」というわけです。「いいよ。ところで、君たちはそこへ行って何をしようとしているの」と聞くと、まさに手品かゲームをやろうとしているわけです。

学生たちは福祉施設などでボランティア活動はしていますが、手品もゲーム指導も全然素人なわけです。でも彼らの発想は、「あ、お年寄りだ。何か楽しいことをしてあげなければ」。そう思って準備をしようとしている。

打ち合わせ当日、いやでも打ち合わせの内容が聞こえてきます。実は、老人クラブの人たちはそんなことは全く考えていない。元気なお年寄りですし、何が希望かというと、「若い学生さんと自由闊達にコミュニケーションの機会を作ってみたい」と言っているわけです。ところが、学生たちは「どんなことをやったらいいでしょうか」と盛んに聞いている。かみ合ってないわけです。結局その日は、「とにかく何か話し合うことにしましょう」ということで終了しましたが・・・。

このように、われわれの周辺には提供する側の思いと、受け取る側の期待が違っているケースが、しょっちゅう起こっているのではないでしょうか。

ホンダと伊勢丹―顧客参加型の商品開発

話をビジネスのことに戻します。２００３年にホンダは軽ワンボックスカーの「バモスホビオトラベルドッグバージョン」を発売しました。これは愛犬家のニーズに応えるための特別仕様車です。まずホームページで会員を募って3千人強の方からいろいろな体験談や情報を寄せてもらい、その上で試作して、最終的には愛犬家に集まってもらって更に意見を聞いた上で作り上げたクルマです。なかなか好評のようです。

伊勢丹でも6、7年前から「オンリー・アイ」という、売り場で「こんな商品があったらいいのに」というお客様のつぶやきを受け止めて、それをかたちにする商品開発に取り組んでいます。ホンダの場合と同様、まずはネットを使いながら意見をやり取りし、最終的には関係者が集まってかたちにしていく。ここから出た働く女性のためのワーキングエプロンや、背が低い女性のためのSサイズパンツなど、伊勢丹にしかない商品は喜ばれているようです。

ホンダや伊勢丹の取り組みは、個別化・細分化されたニーズをきめ細かく受け止め、顧客参加型、あるいはパートナーシップ型で、ていねいに商品開発を進めている好例かと思います。

はとバスの再生

はとバスの取り組みも参考になります。97、8年頃は倒産寸前だったようですが、2002年6月期には8年ぶりに復配しました。98年に東京都交通局から宮端清次という人が新しく社長に就任した。「大してコスト削減効果もないのにお茶の質を落としている。お客様からまずいという苦情が絶えない」というバスガイドの一言が、その社長の耳に入った。「そうか」ということで、役員たちは月に一度、自腹で乗客になることにしたそうです。

そうすると、隣に座るお客様のニーズや不満が実によく分かる。例えば、駐車場に観光バスが並ぶ。そのときに「一段高いと何となく優越感を覚えるよね」という声が聞こえる。だから苦しい台所事情の中、車高の高いバスを何台か入れるといった手を打つ。

さらに、利用者からのお礼のはがきや苦情などにはすべて社長が目を通す。現場の運転手・バスガイドの意見については「おかえり箱」で吸い上げ、課題別に整理した意見に対して関係セクションが「実現可能か」「いつまでにやるのか」といった答えを書き込むフィードバックの仕組みを取り入れた。

こうした努力を積み重ねる中から、名門料亭やニューハーフショーなどを組み込んだ「夜のコース」を開発したり、不意の雨に備えて傘を積み込むといった、大小さまざまな工夫を行って顧客満足度を高めてきたということです。

試着室落ちを知っているのは販売員

小売業などではPOSシステムが威力を発揮しているようです。しかしPOSデータだけでは今売れているものは分かるけれど、この先何が売れるか、お客がどんな苦情を持っているのかまでは読めない。

例えば、アパレル関係ではフィッティングルーム落ちがかなりあるようです。試着室に持って入って、着てはみるんだけど売り場に戻すという商品です。これは社長には分からない、POSデータにも出てこない。分かっているのは現場の販売員です。しょっちゅう試着はされるけれど、やはり元に戻るというのは見ていれば分かる。

つまり、どこをどう変えればPOSデータにのる商品になるかを知っているのは第一線の販売員のはずです。その意見をバイヤーなりマーチャンダイザーにどう伝え、改善・改良に結びつけるか。それを一つひとつやっていくことで、お客様のニーズによりきめ細かく応えることになるのではないか。

この点において、ホンダや伊勢丹、はとバスなどの取り組みは、大いに参考になると思います。

「週刊少年ジャンプ」のマーケティング

このニーズに応えるという話の典型は、集英社の「週刊少年ジャンプ」だと思います。少年ジャンプの創刊は昭和43年、私が大学を出た年の7月です。サンデー、マガジン、キングという先発の少年漫画は昭和35年、36年頃の創刊ですから完全に後発です。

でも、かつて「巨人、大鵬、玉子焼き」、そののち「ジャンプ、ファミコン、ハンバーガー」という言葉が出るぐらい、この少年ジャンプが一世を風靡した。「男一匹ガキ大将」「キン肉マン」「ドラゴンボール」「北斗の拳」「キャプテン翼」など、みんな知っていますよね。ピーク時には何と600万部とも言われてました。この単品で年間500億円も売り上げるような怪物商品となった。

ターゲットは小学校4年生から6年生。創刊時にアンケート調査をやった。この男の子たちのキーワードは「友情、努力、勝利」。これが好きな言葉だったそうです。従って、そのコンセプトでずっと子供っぽさを追及するという商品計画です。

先発大手には手塚治虫、石ノ森章太郎といった大作家が常連。だから描いてもらえない。そこで新人漫画賞を作った。新人の発掘です。「サーキットの狼」の池沢さとし、「アストロ球団」の中島徳博などは、この新人賞から出た人です。有望な新人には担当編集者をつけてトレーニングし、3年〜5年後にデビューさせる。それまでの漫画制作のスタイルを大きく変えました。

ここで注目しておきたいことは、子供たちから毎週、本の末尾に付けてあるアンケートが3万から5万通来たそうです。そのうちランダムに千通を集計して、要するに面白いか、面白くないかで判断、面白くないものはカットする。大先生でも面白くないとアウトです。面白いもので誌面を構成するのですから伸びたわけですね。

価値判断の基準を組織内部の論理や都合ではなく顧客に置く。少年ジャンプは、言わばビジネスの基本に忠実だったんだと思います。

加ト吉に注目せよ！

これまでの事例は、地方発のビジネスとはあまり関係がないかもしれませんが、私がまだ30代前半の頃、小樽市のある商社の社長からこんなことを言われました。「松本くん、加ト吉は伸びるぞ。四国の地方都市にあるけれど、あそこは伸びる。注目しておくように」と。

私はよく知らなかったから「はあ、加ト吉ですか・・・」。「北海道はたくさん生産されることもあって冷凍野菜が中心だが、これは低次加工で価格もブランド・オーナーに抑えられがち。でも、加ト吉は冷凍ピザパイとかシューマイなどを開発して、単価は道内メーカーの何倍もしている。流通大手が是非取り扱わせてほしいと言ってきているらしい。どうやら開発部門の幹部は、もっぱら大マーケットのデパ地下やスーパーの惣菜売り場などを回って情報収集している。それがフィードバックされて、実際の商品開発は若手・中堅の社員が取り組んでいる。つまりプロダクト・アウトでなくマーケット・イン。そして付加価値の高いものにチャレンジしている。とにかくニーズを捉えるべく常に売り場をチェックしているらしい」。

この話には、ものすごい衝撃を受けました。だから、今もはっきりと覚えています。

上勝町の葉っぱビジネス

徳島県上勝町は35ものごみの分別をしていることでも有名ですが、「葉っぱビジネス」をはじめてから約20年経ちます。２００３年には、社団法人ソフト化経済センターから「ソフト化大賞」を贈られました。

今は第3セクター「いろどり」の代表取締役をしている横石知二さんが、農協に勤めていた時に大阪に出張した。寿司屋に入った。その時、女子大学生が隣に座った。料理そっちのけでつまものの もみじに触ったり、眺めたり、非常に興味を示している。主産業の林業やミカンが不振、過疎化が進む中、何とかまちの活性化をと考えていたから、「ハッ」と気付いた。「あ、こんなものだったら、うちの山にいっぱいある」。そこで葉っぱをビジネスにすることを思い付いたそうです。

いろいろ苦労されたようですが、今では「彩（いろどり）」ブランドとして、もみじやナンテン、ユズ、アジサイなどの葉っぱや、梅、桃、桜の花ものなど、季節ごとに約300品目を揃える一方、出荷体制はコンビニのシステムを勉強、需要に即応するためお年寄りでも操作しやすいパソコン・システムなどを開発して連絡網を整え、東京や大阪の高級料理店などに出しているようです。

現在の年商は約2億5千万円。葉っぱ集めに従事している人は200名弱で、平均年齢は67歳。80歳を越える人もいる。月に4、50万円、年間1千万円以上稼ぐお年寄りもいるそうです。葉っぱを集めに山歩きしますから健康にいい、葉の仕分け作業やパソコン操作で手先を使うから頭の体操にもなるということで、ここは寝たきりの老人がほんの数人しかいないそうです。地域資源をベースにビジネス化し、かつ福祉・介護にも役立ったという例です。

ここで注目しておきたいことは、この横石さんは何をどうしたらマーケットで受け入れられるかを探るために、足繁く料亭などに通い徹底的に食べ歩いたそうです。それこそ痛風になる位に。

結局、こうした取り組みからしか、本当にマーケットで通用する商品は出てこないのではないでしょうか。先ほどの加ト吉といい、四国の企業はなかなかですね。

是非、北海道でも・・・

北海道の企業はモノを作ることは上手だけれど、マーケティングが弱いと言われ続けてきました。地域に資源があるといっても、いいものだと勝手に思い込んで、それを何とか加工する。その後、さてどこに売ろうかというのでは、やはり発想が逆ですよね。北海道の場合、総じてこのスタイルが多かったのではないでしょうか。

深川市にいる私の知人は、もともと米農家ですが、比較的早くからバラを作っています。彼から「今何が売れているかは日々の市場データで分かる。1年後何が売れるかは新宿で分かる。3年後何が売れるかは渋谷、原宿で分かる」といった話を聞いたことがあります。だから彼は東京に行って、街角に立ったり、喫茶店で道行く人々のファッションを眺めている。その情報を踏まえながら栽培計画を立てる。それを毎年やっているそうです。

北海道全体でこうした経営行動が確実に増え、定着していくことを大いに期待したいと思っています。

「ニーズに応える」には…

ここでの結論は、徹底的にマーケットに密着する、顧客満足度調査や観察を含めて定時・定点観測を怠らない、得られたデータや情報を活かすルールとかシステムを組織の中で作り上げておくといったことです。

これらに関しては、行政の場合でもよく住民志向とか住民ニーズと言うけれど、住民からのいろいろな苦情や要望、あるいは第一線の職員からの提案も含めて、本当に活きたルール・仕組みとしてきちんと設計、運用できているところは、ほとんど聞いたことがありません。

（2）ニーズを創る

次に、ニーズを創るということです。お客様は基本的に素人です。専門家ではありません。だから本人も気付かないニーズがある。具体的に、「これまでにないこういう商品を作ってほしい」ということはまずない。

従って、企業にはニーズに応えるという側面だけでなく、ニーズを創る、マーケットを創造するという側面があります。これについては、お客様に対する説得的、あるいは教育的なコミュニケーション、情報提供が極めて大事になると思います。

ヨード卵「光」

例えば日本農産工業にヨード卵「光」という商品があります。発売されてから随分経ちます。皆さんスーパーなどで見かけたことがあると思います。ワカメなどをいっぱい食べさせたヨードを含んだ卵。いわば卵と薬の中間のような製品です。

従って顧客対象は、健康に関心がある、あるいは懸念される、そして多少お金にも余裕があるといった主婦層です。価格は1個50円、6個入りパック300円と高く設定されました。

販路は、当初考えたスーパーでは、同社の価格を固定させたいという方針が受け入れられず、町場の八百屋さんに置くことにしました。つまりチャンネル政策は開放型ではなくて閉鎖型。特定の所にしか取扱店がない。そのかわり八百屋のおじちゃん、おばちゃんが年配の主婦層に「この卵はこういうものだ」ときちんと説明した上で買ってもらう。ここから徐々に広がっていったわけです。これをマーケティングの分野では、説得的・教育的な販売促進活動ないしコミュニケーション活動と言います。

日本の伝統的な音楽の世界と家屋環境の中でピアノが売れるはずがない。置く場所もない。そこでヤマハは何をしたか。音楽教室を開きピアノのお稽古をしてもらう。そこそこ上達して、「ひょっとして天才じゃないか」と思う子供や親がいっぱいいるわけです。さらに練習をということでピアノが買われる。これなどは説得的・教育的な販促活動の典型だと思います。

「セカチュー」の大ヒット

片山恭一さんの『世界の中心で、愛をさけぶ』が2001年に出版されて、昨年辺りにまさにフィーバーしてテレビになり、映画になりました。あの本は地味な純文学作品ですし、売れるタイプの本ではないと思います。なぜベストセラーになったのでしょうか。

まず内容の良さに出版社の編集担当が気付いた。それでタイトルを変更するなど工夫を凝らした上で発売した。柴咲コウはナウい感覚の女優さんで2、3年前、特にブレークしていました。彼女がある女性雑誌に書いていた、「泣きながら一気に読みました。私もこれからこんな恋愛をしてみたいなって思いました」。これを帯に使ったわけです。やらせの宣伝ではない。現に彼女が書いている言葉をそのまま使った。パブリシティとしては大きい。

だけど、それだけではあんなに売れないと思います。この本のピュアな純愛の良さに感動した全国各地の本屋の店員さんたちが、手作りの店内POPを描いた。黙っていれば純文学の所にひっそり並んでしまうかもしれないのに、あえて目立つ所に出して「こんなすばらしい小説がうもれていたなんて」とアピールするなど、お客様に対する説得的・教育的なコミュニケーションが加わって、あの本はベストセラーになったと思います。

内子の町並み保存

地域ビジネス、地域活性化との関連で言うと、愛媛県内子町が想起されます。人口1万人程の町です。江戸から明治・大正にかけて木ろう生産で栄華を極めた。立派な家々が建った。関西から歌舞伎を連れてきて見たという内子座もある。

しかし、何十年と経ってきて建て替えをしなければいけない。昭和50年代の話ですから、伝統的な木造建築よりもプレハブ住宅が流行っている。そういう時期に岡田文淑さんが観光の担当になりました。

この内子の町並み、このままいけば朽ち果てるというか、全然別のかたちになるということで彼は勉強した。高山に行った、妻籠にも行った。湯布院にも年間何回も足を運んだ。ヨーロッパにも行ったそうです。彼がそのために使った費用は５００万円を下らないといわれています。それは身銭です。何で身銭を切ったのか。「だって、当時は町長ですら海外に行ったことがないのに、われわれ職員に予算がつくわけがないじゃないですか」。彼は心血を注ぎました。

あの町並み保存地区は、70軒程の民家が現に人が住みながら、こんにちでも約７００メートルに亘って全部セットで残っていることに、ものすごい価値があると私は思います。点々ではないわけです。

では、彼はどうやったのか。一軒一軒歩いたのです。家の中に上げてもらって、お茶の一杯も出してもらう。「おまえさんも馬鹿だね、何を言っているのさ」と言える関係になるまでにものすごい回数がかかったそうです。その時、行政の職員が住民から見ればいかに遠い存在というか、警戒すべき存在と思われているかを実感したとも言ってます。

一軒一軒回ってそれなりに理解が得られたかなと思った時に、今度はそういう人10人ぐらい集団で集まってもらって一緒に話を聞いてもらう。そして意見を交換し合う。単なる「住民説明会」とは違うやり方です。こうして何年もかけて一人一人つぶしていった。

この内子町には、今、60~70万人もの観光客が入っていますが、その建築群の価値に住民が気付くでしょうか、すぐに賛成してくれるでしょうか。しないわけです。だから説得、教育したわけです。だから、残ったわけですね。

会場には行政の方が多いようですから、ついでに言いますと、この仕事のあと役場の中で彼はいわば左遷の歴史です。窓際に追いやられて暇だから石畳地区の村並み保存など、別のことがやれたのかもしれない。

3年前の定年退職の日に自宅に帰った。花束が32個届いていたそうです。誰からか。住民からです。定年退職の日に、住民から「お疲れさまでした」と花束が届くような職員がどれだけいるか。皆さんもどうか頑張ってください。

花のまち・恵庭

恵庭市の中島興世さん、今はちょうど市長選挙戦の最中のはずです。彼の行動も岡田さんに似ているところがあるのではないでしょうか。

例えば市内の恵み野団地は、今は新しいから美しいけれども、将来は果たしてどうなるのかという問題意識から、ニュージーランドのクライストチャーチに、花栽培農家、花愛好家、造園業者など13名と随分前に行っている。その後も3年に2回は有給休暇を使いながら、やはり自腹で海外に行って勉強しています。

花関係者にクライストチャーチを見てもらって、自分も一緒に行ってスライドを作り、何年間も市内でスライド上映会をやっている。中島さんも、あの花のまち・恵庭を作る過程で教育的・

説得的なコミュニケーション活動をやってきたのだと思います。

旭山動物園と西会津町の取り組み

近年、旭川市にある旭山動物園が大人気です。旭山動物園のお客さんが、動物の生態を含めて「このような展示をしてください」と言うでしょうか。まず言わない。やはりこれは飼育展示係の職員が、プロとして動物たちの個々の特徴を多くの人々に伝えたい、教えたいという思いが創意工夫につながっている。それが功を奏しているのだと思います。

福島県の西会津町は9千人ぐらいの町で非常に高齢化が進んでいる。塩分の取り過ぎで寿命も短い。従って健康野菜を作り始めた。それを食べる、おいしい。その結果、寿命が延びてきている。病院にかかる金額が徐々に減ってきている。そういうデータが示されているようです。

「ニーズを創る」には…

ニーズを創るという観点でまとめておきます。

私は、いわゆる広告でものが売れるわけではないと思います。ある程度ブランド化され、かなり普及したものについては広告が効く。人々が見たことも聞いたこともないものは広告をしてもなかなか売れない。最も効くのは、今申し上げたように、極端に言うとマンツーマンによる教育的・説得的なコミュニケーション活動、営業活動だと思います。

こうした活動を行うためには、企業あるいは地域においてそのプロジェクトの担当者が知識、情報のレベルを圧倒的に高めておくこと、きちんとデータを採ってその効果なり有効性を検証する活動に粘り強く取り組むことがベースになるのではないかと思っています。

以上が事業の核心、つまりニーズに応える、ニーズを創るということについて、日頃考えていることです。

3　経営戦略

(1)　経営戦略の3つのレベル

経営戦略には大きく3つのレベルがあると言われています。

第1は、既存の事業は、たとえ現在は花形であっても、将来必ず衰退していくわけですから、中長期的にどういう成長分野を見いだすか。どんな方向、分野に進出するかが重要な意思決定になります。これを全社戦略とか成長戦略と言います。一般に、大企業の場合は事業の多角化になるし、中小企業の場合は事業そのものの転換にもなり得ます。

第2は、進出した事業分野の中には必ずライバルがいますから、そのライバルといかに戦うか、優位性をどう作り出すかということです。事業戦略とか競争戦略と言われます。

第3は機能別戦略。全社戦略、事業戦略を踏まえながら、人材確保・育成や生産、財務、研究開発などをどう展開するかというレベルの戦略です。

ここでは、第1の成長戦略に絞って話をしておきたいと思います。

(2) 成長戦略の基本

将来に向けて多角化ないし成長戦略を展開する場合には、大きく関連型多角化と非関連型多角化の2つがあります(図表2)。

図表2　シナジーと関連型多角化

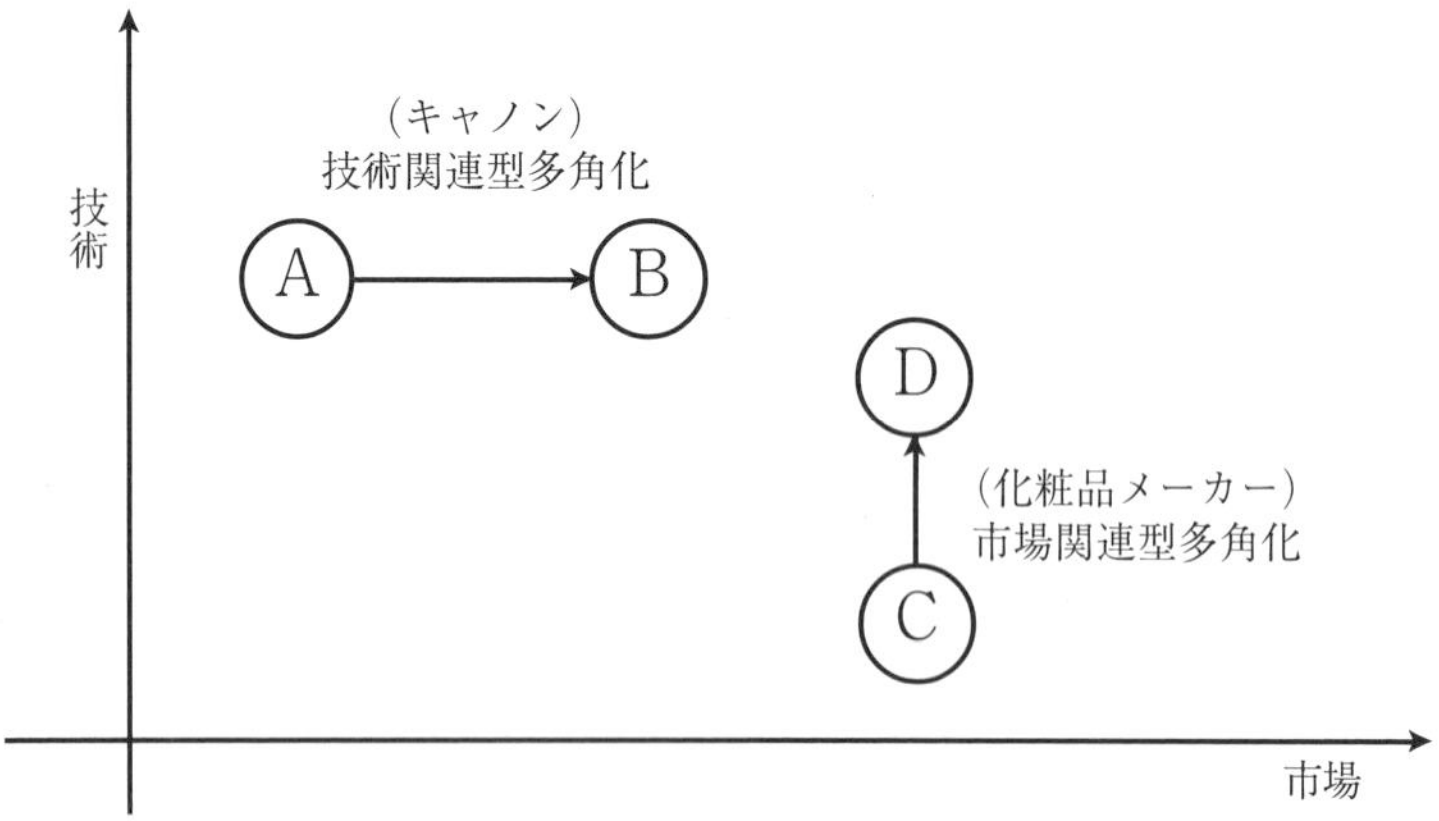

出所：坂下昭宣『経済学への招待〈改訂版〉』白桃書房、2000年、23頁。

関連型多角化

関連型多角化は、これまでに蓄積された自社の技術、ないし市場をベースに展開するパターンです。

まず、技術関連型多角化の代表的ケースとしてキャノンが挙げられます。キャノンは将来を考えて、カメラで培った精密技術、とりわけレンズの技術を活用するかたちで、あのゼロックスがいる複写機マーケットに進出した。しかし、これはお客さんが全然違いますから、特に販売戦略では新しい販路の構築で苦労したと思います。しかし今や、その複写機やコンピューター周辺機器が、キャノンの主力製品になっています。

一方、マーケット関連型多角化は、仮に化粧品メーカーが生理用品や婦人用下着分野に出ていくと、これは製品技術は全く違う。しかし従来のお客様が販売対象になります。

いずれにしても、これまでに培った技術や市場という経営資源を活かす格好になります。ですから、次に述べる非関連型多角化に比べると成功の確率はやや高いかもしれません。リスクもコストもそれなりに削減するかたちで展開しますので。

非関連型多角化

もう一つの非関連型多角化は、例えば日立造船は杜仲茶を展開している。あるいは新日鉄はスペースワールド。身近なところでは、北炭がかつて札幌テレビ放送や三井観光開発、つまり札幌グランドホテル、パークホテルなどサービス関連に進出しました。全く分野が違いますよね。思いがけず配転を命ぜられた社員の方々の心中は、さぞ大変だったと思われます。

このように、技術的にも市場的にも全く異質の分野に進出するのはどういう場合か。コストもかかるし、リスクも大きい。成功確率はやはり低い。でも、なぜあえてそういう分野に進出するのかというと、本業及び本業周辺のことをやっていてもなかなか将来展望が開けない。そうした場合に、あえて本来の意味でのリストラクチャリング、事業転換を図っていくために進出するわけですね。

リストラというのは単なる首切り、合理化ではありません。本来的な意味は、事業構造を変えるということです。その目的は、これまでになかった異質な経営資源、つまり人材や技術、ノウハウなどを獲得する。そして将来的発展の拠点とする。そうした位置付けの中で非関連型多角化に進出するのが一般的とされています。

道内建設業における最近の新規事業分野への進出も、まさにこのような観点から検討され、展開されているものと思われます。

(3) 新規事業展開の方法

そこで多角化展開の方法です。図表3に新規事業のタイプと組織化の方法が示されていますが、技術関連型、つまりこれまでのわが社の技術に近い場合は、社内ベンチャーとか分社のかたちを採るケースが多い。そして右に行くに従って、例えば資本参加、技術提携、ジョイントベンチャーなど提携・協力型の戦略を採る。更にずっと技術から離れてしまうと、ヘッドハンティングやM&A。つまり外部資源を取り込みながら展開することが多い。

私の手元にある報告書で道内建設業の多角化、新分野進出のケースを見ても、社内ベンチャー的な取り組み、あるいはジョイントベンチャー、人材スカウト、買収といった方法を、それぞれ工夫しながら展開されていることが解ります。

関連型であれ非関連型であれ、新規事業分野に進出する場合はさまざまな困難が伴います。成功の確率を高めるために、ここで申し上げたような展開方法が採られているわけです。ただし、形だけ採用したからといってうまくいくわけではない。決定的に重要なのは、その新規事業に命を懸けるというか、心血を注ぐようなリーダー的人材の存在であると言われていることを、付け加えておきたいと思います。

図表 3　新規事業のタイプと開発の方法

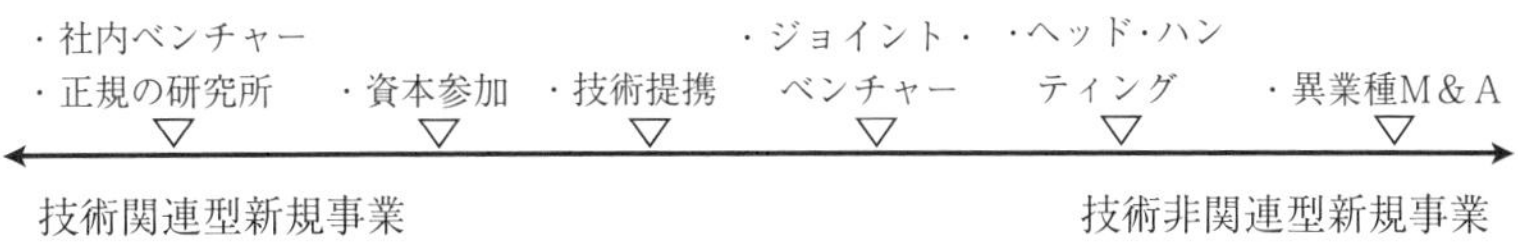

出所：図表 2 に同じ、38 頁。

4　研究開発型ベンチャーの成立条件

ベンチャー企業を立ち上げるとか、既存企業が新しい事業分野に進出する。それはできる。問題はいかに成功させ、継続するかということです。

そこで、1998年の日本ベンチャー学会第1回全国大会の際、横浜市立大学（現在は早稲田大学）の吉川智教教授が、製造業だけでなくサービス業も含む研究開発型ベンチャー企業への聞き取り調査をもとに、「日本における研究開発型ベンチャー企業成立のための主要条件―ベンチャー企業の内部条件と市場メカニズムの条件―」と題する報告をされました。

その内容は、私にとって非常に興味深いものでした。ここで、その概要を大急ぎで紹介しておきたいと思います。

（1）成功している研究開発型ベンチャーの特徴

まず、成功している研究開発型ベンチャーの共通の特徴を、概ね次のように整理されていました。

第1に技術と市場の組み合わせについて、一般に新技術、先端技術を用いて新市場を対象にしている場合が多いと考えられがちだが、必ずしもそうでなくて、85％もの企業が既存技術をもとにして、新市場・既存市場を対象にしていた。

第2に、市場性があり、差別性のある製品をいかに開発するかがポイントだが、技術情報に基づく製品開発は15％程に過ぎず、営業情報に基づく製品開発が85％に上った。

第3に営業情報に基づくこともあってか、新製品の寿命は、例えば「タマゴッチ」に見られるように、せいぜい2、3年と短い。

第4に、それだけに連続的に新製品開発に成功するシステムが求められるが、それを有している企業が多い。具体的には基礎研究・応用研究─製品開発─生産─マーケティングというプロセスが伝統的な考え方だが、そうした直線型ではない。まずは市場ニーズからスタートし、顧客とマーケティング（営業）が情報をやり取りする。そのマーケティング情報が、生産、製品開発、研究など各セクションにフィードバックされ、相互に影響を与え合う。こうした双方向型のシステムができているということです。

第5に、ターゲット市場は、年商でせいぜい10億円から20億円と小さい。

第6に、生産システムを自社内に持っている割合は少なく、他企業に委ねている企業が70％程を占めた。それだけでなく、新製品開発や研究開発を行う場合でも、他社や大学・研究所等の技術を利用しているケースが少なくない。

研究開発型ベンチャーにおいても、成功のポイントが既存技術をベースにしていたり、営業情報、つまり顧客とのやり取りをベースにした新製品開発がとても多いこと、連続的に新製品を開発するシステムを企業内部に形成しているといったことは、極めて印象的です。

(2) 研究開発型ベンチャー企業の成立要件

吉川教授は、成功している研究開発型ベンチャーの特徴を以上のように整理した上で、成立の主要条件として次の6点を提示しました(図表4)。

① 企業内部で、短期間のうちに、連続的、持続的に新製品開発が行われていること
② 営業活動が行われていること
③ シードとなる技術が、企業内部にあるか、あるいは企業内部にない時には、企業外部から企業内部に移転可能なこと
④ 製品の生産が企業内部、あるいは企業外部を通じておこなわれること
⑤ リスク・マネーの供給が、市場を通じて行われていること
⑥ 人材の供給が、市場を通じて行われていること

そこで、①と②の連続的な新製品開発と営業活動を企業内部で行うことの意義については、す

でに述べた通りです。

③と④については、シードとなる技術を企業内部で蓄積・開発するか、あるいは外部から取り込むか、新製品の生産も内部で行うか、あるいは外部に委ねるか。まさしく経営判断の問題になります。

この辺りは地域における産学官のネットワークや、生産工場の集積なども関わってくる事柄ですが、いずれにしてもシード技術を外部から移転する場合には、技術を開発した側の詳しい状況と、受け入れ企業側の技術レベルの状況に関する「情報」を、十分に把握していないと成功は難しいこと、生産委託にあたっても品質、製造コスト、納期などについて、結局は自社で管理しなくてはなりませんので、これらに関する「情報」をノウハウとして保持していることの重要性が指摘されました。まさにその通りだと思います。

⑤と⑥は、必要な経営資源を市場メカニズムの条件を通じて、いかに有利に調達するかということです。リ

図表４　「ベンチャー企業の内部条件」と「市場メカニズムの条件」

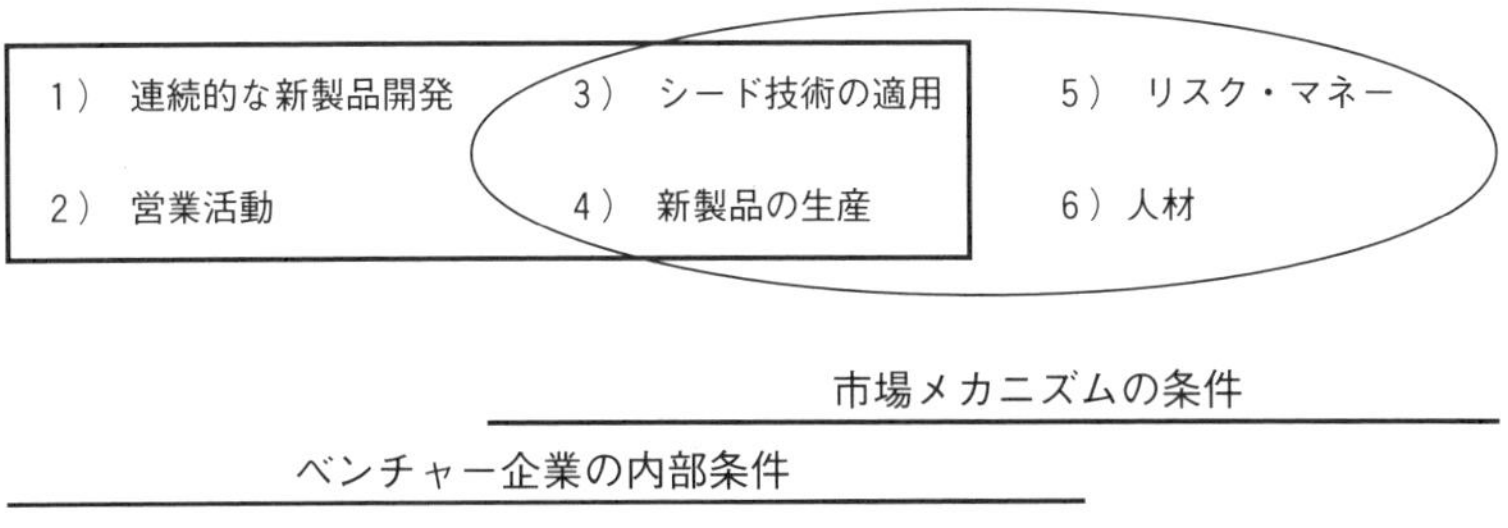

出所：吉川智教「日本における研究開発型ベンチャー企業成立のための主要条件―ベンチャー企業の内部条件と市場条件―」日本ベンチャー学会編集・発行『ベンチャーレビュー』No. 1、1999年、63頁。

スク・マネーについては、銀行融資など従来型の間接金融から、アメリカのようにエンジェルやベンチャー・キャピタルなどによる直接投資がもっと盛んになることが期待されます。人材の調達に関しては、近年、中小企業やベンチャー企業にとっては追い風が吹いていると思います。

そこで、行政などにおいては、ベンチャー企業経営者と投資家、あるいはベンチャー企業が必要とする人材に関する情報と有能な外部人材との出会いの場を、タイムリーにセットする役割が強く求められていると思います。

いずれにしてもベンチャー企業、とりわけ地方で展開するベンチャーにとっては、なかなか厳しい条件ばかりです。とはいえ、これらを一つひとつクリアしていかなければ、経営の成功、継続はないわけです。特に連続的な新製品開発と営業活動は、成功への極めて重要な内部条件であることを、改めて強調させていただきまして、取り敢えず私からの問題提起といたします。

ご清聴どうも有難うございました。

〈事例報告①〉

地方発、産官学共同から生まれた環境ビジネス
―カムイウッドの開発・販売

標茶町企画財政課長　佐藤　吉彦

カムイウッドのスタート

皆さん、こんにちは。標茶町から来ました佐藤と申します。

まず、カムイウッドのスタートからお話をさせていただきたいと思いますが、産官学ということで発足し、その背景にはさまざまな状況がありました。基本的には地域の有志の方々の熱い思いで、起業化までたどり着いたということでございます。

２０００年ぐらいからその動きは始まりました。産業関係の状況はどこの地域でもそうだと思いますが、標茶町もどちらかというと産業構造は公共事業に依存する体質があります。土木建設業関係のウエートが非常に大きい産業構造です。町の面積が約１１００キロ平方米、産業形態が酪農ですので、それに関連する土建業が町の産業構造の中心を成していました。ご存じのように公共事業が非常に削減さ

れる中で、その経営者の方々の危機感が非常に大きくなってきたことが背景にあります。

それと、標茶町には産業廃棄物関係の課題が、大きくありました。まず一点が、カラマツの間伐材をどうやって活用していくのか。標茶町の面積の半分が森林面積で、そのうちの約45%が人工林、その大半がカラマツという状況です。1957年ぐらいから造林が始まったのですが、標茶町と厚岸町にまたがるかたちで1万ヘクタールのパイロットフォーレストがあります。それがなかなか有効に活用されない。間伐が一向に進まないということで、それを何とかできないかという状況があります。

基幹産業の酪農では、牛が約4万3千頭、乳牛で17万トンぐらいを生産しています。ご存じのように、2004年から糞尿処理の法規制が始まっていますが、ちょうど2000年ごろは、その糞尿処理にどう対応していくかがうちの町の大きな課題でもありました。

それと併せて、ラップフィルムにくるまれた牧草をご存じだと思いますが、酪農地帯から排出される廃プラをどう処理していくかも町の大きな課題でした。当時、そして今もそうですが、基本的には町内で処理ができませんので、苫小牧まで搬送して処理している。その輸送経費が非常に莫大で、町と農協、農家の三者で負担しながら処理をしているという状況で、それを何とか有効に活用できないかという話も当時としてはありました。

もう一つ、標茶町は釧路湿原の上流域にある町で、釧路湿原の45%は町の行政エリアの中にあります。釧路川、別海のほうに流れている西別川、厚岸のほうに流れている別寒辺牛の三つの河川の上流・中流域に町があることで、環境保全に対する下流からの要請が非常に大きくなってきていました。特に釧路市と厚岸の水道水源、サケ・マス、シシャモの増殖河川が町の中を流れ、その上流に酪農地帯が広がっているという町です。環境問題に対する課題が非常に大きいという状況が、行政側の課題として認識されていました。

「学」の関係では、地元に道立の標茶高校があります。もともとは農業関係の後継者育成でスタートし、普通科と酪農科などが併設された学校だったのですが、2000年に総合学科に転科しました。併せて、その総合学科の大きな柱として環境教育を教育の基本としながら、引き続き農業の準拠点校としてスタートしました。また釧路に公立大学があります。10市町村、今は8市町村になりましたが、一部事務組合で設立された大学で、そこに1999年6月、道東地区では初めてのシンクタンクとして地域経済研究センターがスタートしました。そのセンター長に北海道開発庁におられた小磯修二さんが就任されました。

産業廃棄物リサイクル事業研究会

発足の中心となった方々から、こういう状況の中で自分たちも別のことに挑戦したい、いろいろなことを考えたいという話がありました。皆さんが思っていたのは、いろいろな廃棄物が地元で出る、それを何とか地元の中で処理してビジネスに転換できないかということでした。

その背景には、カムイの現社長の大越さんは建設廃材の中間処理のプラントを自分でやられていて、関連する事業の中から展開していくことができないかということがありました。

せっかく大学の中にそういうセンターができているので、そこを通じて一緒にまず勉強から始めませんかということで、小磯先生との出会いがありました。小磯先生とは北海道開発庁の職員だった頃からの付き合いがあり、今回展開した大きな要因ではないかと思います。

2000年の春から、「産業廃棄物リサイクル事業研究会」という名称で始まりました。当初の目的の中心が産業廃棄物をどうにかしたいということでしたので、そういう名称になりました。土建業を中心に9社の方々、そのほかには地元の薬局の薬剤師がいて、そういう方が中心となって月1回程度の勉強会を開催、小磯先生が毎回さまざまなテーマの宿題を出してきて、それに対して自分たちが自ら勉強する。地域のいろいろな課題を勉強していく学習会からスタートしました。

いろいろと話をしていく中で、当時、国連でもゼロエミッションという話が出ていましたが、地域の中でゼロエミッションを実現できないか。今、自分たちがやろうとしている中では一番合っているのではないかということで、1年間かけて勉強してきました。

もう少し具体的に地域ゼロエミッションを目標にしながら勉強会を始めようと、2001年から「しべちゃゼロエミッション21研究会」と名称を変えました。そして、より具体的な先進的事例に当たったり、自分たちが気になっている、特にバイオ菌を使った糞尿処理の実験に取り組んだり、木質系のバイオマスは今、いろいろな所、道内でも始まっていますが、その勉強などを1年間かけて行いました。

資金は、皆さん、手弁当でした。経済産業局がコーディネーターの方の旅費・経費等に主に補助金を出すコーディネート支援事業を行っていて、確か補助金で270万円をもらいました。これは基本的に、コーディネーターになっていただいた小磯先生への謝礼と講師で来ていただいた方の経費に充てていきました。

この研究会は当初から、役所が事務局的な役割を果たしており、うちの企画部門がお手伝いをし、産業廃棄物であれば担当する課の人たち、糞尿処理系であれば農林課の職員が加わるという形で事務局を強化して対応してきました。

具体的に2001年に視察先として訪れた主な所では、栃木県高根沢町の土作りセンター、埼玉県小川町の自然エネルギー研究会、ここではバイオガスプラントなど小型のものを実際にやっていたり、菜種油を有効に活用している所です。今回、運命的な出会いとなった岐阜県穂積町のアイン株式会社総合研究所にもお邪魔しました。

会社設立

そこらから方向性が見えてきて、２００２年４月には会社が設立されました。その会社は研究会の中核となった４名の方が出資し、更に小磯先生も出資して、大学発の環境ベンチャーでスタートしています。このほかに新規のメンバーとして、道内の中道機械で働いていた技術者の方が１名参画して、計６名の取締役、資本金１千万円でスタートしています。

今回、会社を立ち上げる大きなきっかけには、アイン株式会社との出会いがあります。社長になった大越さんが「日経エコロジー」という環境系の雑誌で、リサイクルウッドの開発を手掛けているという記事をたまたま見て、アポを取りました。お邪魔した時には小磯先生も行きました。地元の企業と行政と更に大学の研究者が一緒に行くということで、相手の対応が１８０度転換し、特に産官学連携の一番良かった点が発揮されたと感じました。

アインはもともと東南アジアからの木材輸入でスタートした会社で、そういう伐採に対する反省から、ある時期から環境再生をするための技術開発の会社に転換し、現在は１２００件ぐらいの特許を持っているという話です。釧路湿原の上流にある標茶町で、湿原の環境保全に取り組みながらそれを起業化するという取り組みに非常に共感され、釧路湿原のポテンシャルに興味を持っていただきました。それが今回の技術提携につながる大きな要因だったのではないかと思います。

次は会社設立から工場建設まで。１年５カ月ですが、ここまで到達するにはかなりの苦労があったと見ています。私どもは研究会の段階では事務局でしたが、会社設立となってからは役所の人間ですので引かなければいけないという立場でした。実は、会社設立をサポートするために研究会をそのまま存続させていました。メーリングリストなどで常に、会社設立に向けた情報を共有化し、あまり表ではできませんが、行政としてやれることを側面から支援するという体制を作ることができました。そこで、私ども役所の人間が会社設立の経過を一緒になって勉強できて、非常に貴重な経験をすることができたと思います。

会社設立では、資金調達をどうするのかが一番大きな問題でした。アインとの技術提携から、研究開発のための資金調達を何とか公的な部分でできないか、ということからスタートしました。経済産業省で技術開発に対する補助制度があり、2002年に牧草と廃プラスチックから新しいボードを開発するというテーマで挑戦しました。その申請が認められ、2700万円の補助金を得ることができて、アインと提携し試験プラントを導入しました。大越社長は運送会社もやっていましたので、そこの車庫の中に試験プラントを設置し、牧草と廃プラから新しいボードを作ることに着手しました。

牧草というのは木と同じセルロース系なので、同じようなボードができることが分かっています。酪農地帯ですが、牧草のすべてが牛の餌となるわけではなくて、かなり古くなったものを有効に活用できないか。それと、低コストで作ることができないか。木を切らないことが原点にありますので、木に代わるものとしての牧草という活用も兼ねて、これに挑戦しました。その結果、開発に成功し特許の申請もしています。

特許を申請出来たことが、次の工場建設に向けた資金調達に大きく影響しました。工場建設に向けてはリサイクル系の助成や、道でやっているエコタウン関係の可能性をかなり調査しました。小磯先生と一緒に私も道庁や経済産業省を回りましたが、非常にハードルが高かった。エコタウンについても、道内でそういう拠点を作るのは1カ所で、例えば既に室蘭とか苫小牧にできていれば、それを標茶に造ることは無理で、その見直しには相当の年数がかかるという状況でした。挑戦する可能性はまだ十分に残っていたのですが、すぐの工場建設の資金としては難しい。その辺の調査をしながら新たな資金調達に着目しました。

少人数私募債・コミュニティ・エンジェル

小磯先生から縁故私募債、簡単に言うと社債を発行した独自の資金調達に挑戦しないかという話がありました。正式には、少人数私募債という名称が使われているようです。専門でないのであまりよく分からないのですが、条件があり、総額に対して購入者が50人未満であること、1口の最低金額の発行額が50分の1であることです。

当初、約1億円を予定して、1口300万円で50人以内で進められました。環境に取り組みながら地元で新たな商品化をしていきたいということで、取締役の方々が中心になり友人知人にお話をして、二か月ぐらいという非常に短期間で、34人の方に協力をいただいて1億円を集めることができたのです。

地域ゼロエミッションというか、地域内の課題を地元で解決することも含めて第一歩として認められたことが一番大きく、そして地域内での新たな取り組みに対して協力する人たちが、やはり地域内だからできるということがこの中で明らかになってきました。

小磯先生はこのことを「コミュニティ・エンジェル」と言われております。アメリカでは、公開してその企業の出資者を募集する資金調達が結構、行われているようですが、日本でもようやく少しずつ可能になってくるのではないかと、今回の取り組みを通じて感じました。また日本では、何もバックボーンがない、全くベンチャーで立ち上げる企業の資金調達について、まだまだ難しい環境にあることがこの中でも明らかになってきております。

政府系の金融機関とも継続して資金調達の話をしていたのですが、この1億円の私募債の調達の成功を受け、中小金融公庫から大口の2億円の融資をその直後に受けることができました。総務省系のふるさと財団からも、町を経由すると無利子で融資を受けられるのでそれを約5千万円。残りは地元の金融機関を通じた協調融資などで、約5億円の工場建設資金が短期間で可能になりました。1年5カ月後の2003年8月に工場が竣工しました。このほかに雇用関係では、道の「緑の雇用創出」という事業も使いながら、可能なものすべて挑戦して、ここまで来ております。

カムイウッドの製法と特長

カムイウッドは、熱可塑性木質複合材製品という、長ったらしい名称です。木粉とプラスチックを細かくしたものを溶融して型の中から押し出しし、作り出します。

今回の工場建設についても審査をクリアしなければならないのですが、水処理をしないということで、産業処理施設の認可を非常に短期間で取ることができました。そこがカムイウッドの製法の中でも、特に注目される部分かと思っております。材料はすべて廃棄物を使っています。木を固めるのに接着剤を一切使っていない。今言ったように水を使わないで洗浄しています。それらが大きな特質だと考えています。

木とプラスチックが55対45の割合なので、耐水性など野外に適した材になっています。完全に使われたあとも、もう一度粉砕してリサイクルできることも大きな特質になっています。今年の3月まで、旭川にある道立の林産試験場で性能検査とか、実際の木との比較関係の調査も行われて市場に出回っています。

普通の木と、当初は約1・3倍ぐらいの価格差がありますが、例えば外にあると5年後には塗装の塗り替えをしなければならないという費用を考えると、大体5年目には逆転するようになってくる。現在はカムイの工場では3色しか造っていませんが、カラーは全部、粉を中に混ぜていますから、どこを切っても同じ色が出てくる。変色にも強いということも大きな特長です。

2005年6月に、北海道が新しく始めた認定リサイクル商品の認定を受けています。現在は確か12社の27品目が北海道で認定されていると聞いております。

産学官の連携によるコーディネート

5年ぐらいたつわけですが、いろいろな体験をさせていただきました。ベンチャーの企業を立ち上げる中では、産学官の連携によるコーディネートが大きな役割を果たしたと思っています。例えば釧路管内の場合は技術系の大学が一つもありません。これまでのような技術発の起業化ではなくて、ニーズ発の起業化が可能だということを今回の経験の中から得ることができました。結局ニーズがあれば、技術については、コーディネートしていただける機能があれば全国どこからでも可能だということです。実際にニーズのある所に企業ができるのが一番ふさわしいと感じております。

ですから、そういうコーディネート機能をこれから、どうやって仕組みとしてその地域の中に作っていくのかが一番大事だろうと思います。しかし、それをすべて行政でやりきれるのかというと非常に心細い感じです。地域の大学との連携を特に重視しながら進めなければならないだろうと考えています。あとは地元の中で、資源を掘り出して付加価値を付けて起業化をしていく取り組みをどう進めていくのか、これが大きな課題になっていくと思います。

ベンチャーの会社が立ち上がる前も、資金調達とかいろいろな意味で大変ですが、立ち上がったあともマーケティングなど新たな分野のノウハウが少ないことも含め、まだまだ苦労があることを実感しております。

今回のカムイでは、いろいろな所と連携させてもらっています。まず。技術提携をしているアインとの関係からで全日空との提携があります。全日空商事という子会社がアインとの提携で北海道にもかなり進出しており、道内についてはカムイの引き受けが進んでいます。

それも併せて、今は全日空などの航空会社が環境に配慮した取り組みをやっています。最近、全日空が全国50カ所の空港所在地に森づくりをスタートしています。釧路空港も標茶町と連携しながら、湿原の中の土地に森づくりを昨年から始めました。パンフレットの中にも資料として入っていますが、森づくりの看板のリサイクルウッドは、回収された航空チケットの半券を材料として使っています。

北海道電力釧路支店との提携では、水力発電の流木が何とかならないかということで、その流木を使いながらボードを作りました。特に実験的にやっているのが、釧路湿原内の送電線の点検の木道として設置し、1年間経過を見ながら実用化に向けています。

北海道新聞社の釧路販売所との提携では、新聞を輸送するときに縛るバンド、PBバンドと言うらしいのですが、それをプラチックに代わるボードの材料にすることも始めています。

また先日始まったばかりですが、旭川のライオンズクラブの取り組みです。PETボトルのキャップ回収は非常に遅れていると言われています。そこで用途はまだはっきりしていませんが、旭川ライオンズクラブの方々がキャップ回収をし、標茶のカムイ工場でボードを作って、例えば旭川の公園のベンチなどに使っていきたいという話が来ています。これは10月にキャップが届いたばかりの状況です。

マーケティングとか販売戦略で、カムイの特徴的な部分を少しお話しします。これは、人的なネットワークの中でどうやって実現していくのかが一番だと思います。たまたま今回の会社立ち上げメンバーの中に、ホーマックで働いていて、社長とほぼ同期に近い方がいらっしゃいます。ホーマックとの提携によって、商品の展示などのPR活動にかなり協力していただいています。札幌市内ではスーパーデポの北野店に、昨年から展示コーナーがあると聞いております。釧路の木場店と道内2カ所です。仙台にもホーマックがありますので、そちらでも試験販売が開始されています。

全日空商事との提携では、ANAの通販の機内誌「ANA SKY SHOP」の昨年5月—6月号に、フラワーポットが掲載されました。掲載はかなりの激戦、レベルが高くないと出してもらえないそうですが、これも連携が評価され、可能になったと思います。2カ月間の試験的販売だったのですが、フラワーポットを300個販売することができました。

今年1月から2月までの1カ月間、東急ハンズの新宿店に特設コーナーを設けてPRもやっています。また地元でいかにその商品を買っていただくか。例えば、建設業界でカムイウッドを利用していただくかが非常に大事なことだと思っています。今年8月に、地元の釧路建設業協会主催の展示説明会が釧路の国際交流センターで開催されました。こういったことを踏まえながら、まだまだ大変な状況が続いてはいますが、いろいろなネットワークを通じて販売の拡大が試みられております。

その他、大学関係の施設では新潟薬科大学とか、道内では道立高校の外壁材などにも使われています。中には個人のガーデニング用の柵とか、バルコニー等にも使われております。

まだまだ始まったばかりの会社です。行政としてもその会社だけに特化することは非常に難しい中ですが、モデル的にそういったものを地域内で使っていくことも必要です。標茶町は林産業もありますので、さらに地元の天然の木材も併せて活用していく。ですから、私どもは今、外壁材についてはカムイを使い、内部のことというところに本当の木を使っていく。そういうある程度の棲み分けをしながら、リサイクルウッドの有効活用を図っていければと考えております。

ちょうど時間となりました。どうもありがとうございました。

〈事例報告②〉

建設業から低農薬栽培の大規模農業へ進出—五大農園

風連町／橋場建設株式会社取締役社長　橋場　利夫

誰もが出来るようになった農業

ただいまご紹介をいただきました橋場でございます。私、建設業から3年前に農業を目指しました。農地法が改正されるまでは、農業者でなければ農業ができないとなっていました。平成13年度に農地法が改正になりまして、一定の条件をクリアするとどこでも誰でも、有限会社、株式会社でもできるわけです。それまでは農地法に基づく農業者でなければ農業ができないということが基本原則でした。

ただ、普通の有限会社や株式会社と違うのは、構成員である株主などが実際に農業に従事するという足かせがある。出資だけして役員になったり、株主になって配当をもらう。これが通常の株式会社の組織ですが、農業法人に限っては株主や役員になった場合には、例えば役員であれば年間50日以上、株主の場合は年間１６０日以上農業に従事しなさいという規定があります。だから普通の株式会社と違って、出資だけして配当をもらうような資金集めは農業法人ではできないという条件があります。

一定の面積、これは条例によって違いますが、確か私どもの地域では2ヘクタール以上なければ駄目です。売り上げの2分の1以上は農業によって生産されたものでなければならない。だから、農業法人を作って何か違う仕事をやってはいけない。あるいは、やってもいいけれど50%以上は農業の売り上げが必要だという条件があります。それらをクリアして1年に1回、実績を農業委員会に報告していく。

こういう基本の制約がございます。農業をしたいという希望を持っている方は、その条件をクリアしたら誰でもできるようになっています。

北海道建設業の実態

私も昔から農業は面白いと思っていました。私の所は上川管内で、空知と共に米作の中心でして、たくさんの矛盾を感じていたわけです。今はお米を作る方は7ヘクタールぐらいです。昔は5ヘクタールぐらいで、だんだん増えてはきましたが、そういう面積の小さな戸数がたくさんでやるよりは、同じものを同じ条件のもとで耕作しているわけですから、もう少し大型化して法人化して、若い連中は大型経営を目指せということを、偉そうに農業者にお話しした経緯がずっと過去からあったわけです。

総論では農業者の人はそれはいいことだと思っているのだけど、各論に入ると、申し訳ないけど経営に関しては意外と孤立主義です。長年、先祖代々から受け継いだ土地を一つのベースにやってきているわけですから、それはそれでいいのですが、経営のノウハウはやはり隣同士で、肥料でも農薬でも何でもそうで、何を使っているのかほとんど情報公開しない。ですから、総論では分かっていても、いざ一緒になってやろうというところになってくると、いろいろな障害ができてしまう。

例えば、米は苗を作って刈り入れまで、実働は年間40日ぐらいしか働きません。夏の間はほとんど兼業農家で建設業などで収入を得ていた。われわれもそういう受け皿になっていたわけです。だから、建設業と農業というのはいろいろな意味で、戦後ずっと昭和30年代から仲良しクラブみたいな関係でお互いにもたれ合いながらうまくやってきているのが現状です。

それが今は崩壊してきた。ご承知のように北海道は農林漁業を中心とした一次産業、そのほかに石炭産業が加味されていました。特に農業は北海道の基幹産業と言われてきました。石炭が駄目になって、林業も今はほとんど駄目ですね。漁業も２００キロの問題以降だんだん縮小してきた。それをカバーしてきたのが、いわゆる戦後、昭和30年代の後半から敗戦後のインフラ整備をやらなければということで、公共事業の予算がどんどんと増えてきた。公共事業のための建設会社が全国で70万社か80万社増えたのです。ちなみに北海道では2万ぐらいです。

それが平成11年ぐらいから国の財政悪化で、都道府県をはじめ市町村、全部減少傾向です。具体的に申し上げると、私の会社でいくと平成11年度には28億円ぐらいの売り上げが上がったわけですが、それがどんどんと減って半分以下、4分の1ぐらいに減りました。平成11年度ぐらいの半分をキープしている建設業は少ないです。30％ぐらいまで落ちている所がけっこうあります。そして今、建設業はいかにしてソフトランディングするかということで、血まなこになっていろいろなものにチャレンジしているわけです。

資料の中に、米田雅子さんの「建設帰農のすすめ」という本に載っている沖縄から北海道まで全国の建設業が農業に進出した名簿があります。北海道でも、建設業が農業に進出したのが40社近くあります。全国でも１４０―１５０社ぐらい出てきました。まだまだ増えると思いますが、いろいろな課題がありまます。

建設業が今やっているので多いのはリサイクル関係。北海道の事例で、農業関係の40社で代表的なものを私の知っている範囲で申し上げますと、妹背牛町の妻神工業があります。これは堆肥を作っています。投資金額3億円から4億円ぐらいかけて、微生物を利用して堆肥のもとを作っているわけです。今は別会社にしたと思いますが、当時は建設業の中でやっていた。北見ではハーブを生産しています。

また美幌町では芙蓉建設がコントラクター、いわゆるコントラですが、これは農協と組んで、農協にその機械を買ってもらってその会社がリースをして、しかもオペレーターだけは自分の会社で訓練するわけです。だから、作業員だけを提供してかなりの面積をやっています。そのようなコントラクター方式がある。

旭川でラーメンを作って、それを本州に流しているという事例もあります。旭川はなかなか面白い所で、墓苑を経営している人もいます。墓苑は宗教法人になりますが、墓苑を造って、花卉も作ってお盆とかには墓苑で花を売るということをやっている。砕石もやったりという多角経営に乗り出している所もあります。

私の近くの士別市ではニッテン（日甜）という砂糖を造る工場がありますが、ここではビートも自分の所で作っているし、栽培から収穫までの委託もやっているし、運送事業が多い。皆さんご存じのように、今ごろの時期から来年1、2月ごろまでビートの搬送は莫大な量になります。この運送を引き受けている。このような事例もあります。

中川町では自然に生えているヨモギを採取してヨモギ餅の原料にする。川のせせらぎを利用してワサビの栽培に挑戦するということもあります。近くでは下川町で去年からぼつぼつ始めて、今年はハウスで2棟ぐらいにして、トマトのハウス栽培を始めている。

要するに建設業も圧迫されて、人の問題だとかさまざまな問題があって、もちろん売り上げが落ちるということは収益性の問題もあるわけで、何かやらなければいけない。人を減らして縮小してやるか、廃業してやめるか。放っておけば倒産する。これが今の建設業の実態です。そんな中で皆さん、苦労しながらいろいろなことにチャレンジしているのが全体的な流れになっています。

五大農園株式会社を設立

そこで、うちの会社ではどういうことをやったかというと、「五大農園」という会社を打ち上げました。これも初めて農地法に基づいて許可をもらったわけです。平成15年、今年で3年目ですが、建設業が農業をやるということが市町村の人もなかなか分からないのですね。みんな分かっていないのですよ。今日も地方自治体の方もおられると思いますが、農業でないのに、何で五大農園株式会社を設立して土地を買うんだ、できないじゃないかとなるわけですよ。

これは農林省できちんと法律が改正されて、都道府県を通じて市町村に全部行っているはずだけど、都道では分かっているのですが、市町村までのパイプが詰まっている。農地法の許可をもらうためには、各市町村に農業委員会があってそれは大体役場の職員が事務を代行しているのですが、そこに行く。例えば、うちの場合は名寄・士別・風連に土地が3カ所にまたがっているわけです。そうすると、風連は地元ですから大体説明すれば分かるのですが、名寄・士別になると「何で、橋場建設が農業なんだ」となってしまうわけです。これは本当にえらい目に遭いました。

極端な話、卵が先か鶏が先かということになるわけです。会社はできました。農業生産法人として出発するためには土地を買う前に、まず農業委員会で許可をもらわなければいけないわけです。そしたら、まだ農業者じゃないとなるわけです。一回買ってしまってやれば農業者になるわけですが、ある程度法律は理解しても、まだ土地を買っていないのだから農業者でないし、一回もやっていないのだからとなるわけです。その辺になってくると、会社を作って計画を立ててやろうとしているときに入り口から詰まってくるわけです。

私どもは前の年にいろいろな勉強会をやって、道の農政部からこういうことをやれと担当者から説明を受けて、農業生産法人に踏み切ろうと社内で決議をしてやったわけです。でも、市町村の担当の人が非常に分からないものだから、われわれが説明してもなかなか信用してくれない。だから、「もう、分かった、道の農政部のこの人に聞きなさい」と全部振ってしまうわけです。それで、ようやく「分かりました」となるわけです。

これは北海道だけではないのです。ひどいのは本州の県の役人までが「橋場さんの所はどうなっているんだ」と来るわけです。まして、農業をやりたい人が県にいろいろと言っても、「北海道は特区になっているんじゃないか」と言われる。特区は関係ないですよ。

そういう話で、会社を作るのは簡単ですが、いわゆる営農するまでの土地の買収になるとそこで引っ掛かる。役場の職員が分からんとなると、農業委員なんか素人ですから全然分かりません。選挙で選ばれる公選法に基づく農業委員だけど、これは全然何も分からない人がいるわけです。役場の職員がしっかりとそれをマスターしてないと簡単にはいかない。事務の手数に、土地を買って契約して自分のものにしてものを作るまで、下手をすると3カ月も4カ月もかかってしまうわけです。

向こうは売りたい。うちのほうではいわゆる買い手市場です。これは後継者がいないということです。いかに農業がもうからないかということもあるわけです。やめる人は多いけれど、やる人はいない。土地を貸す人もいるけれども借りる人はいない、もちろん買う人はいない。向こうから土地を買ってくれと来るのも、本当は農協が調整してお客さんを探してやればと思うのだけど、われわれの所へ直接来る。70歳ぐらいになってどうもならなくなって、俺も体が悪いとか、娘は2人いるけど後継者じゃないとか、下手な財産を残しておいたら困るから売って整理したいとか。

この辺は行政も当然ですけど、農協がその辺のことを早く整理して楽にしてやるとか。そういう手立てが必要ではないかと思いますが、現実はなかなかそうはいきません。農協の人もいろいろと忙しいわけです。

農業者も今まで苦労して、先祖からやってきた農地を手放すというのは大変なことなんです。それを売って借金チャラになってなんぼか残ればいい。下手したら、土地を売って整理してもまだ借金が残る。そして、何十年もかかって月賦返済しなければならない。こういう農家がけっこういるわけです。それは誰の責任かということになると難しい問題がありますから、私は言いませんけれどね。そういう農業者の実態ですよ。

いい人もいます。今年、十勝の幕別町で長芋を台湾にどんどん売って、これがものすごく高く売れる。それで税金をごまかして逮捕されて、読売新聞のトップに出たのがいます。農業者でも、もうかっている人はそのように利益が上がっているわけです。

地理条件とかいろいろあるわけですが、私は上川管内で米が中心ですけれど、あえて畑作に挑戦しました。いろいろと実際にやっていく中での課題ですが、農地の確保については買うのは簡単。本当に欲しいなと思ったらすぐに買えます。ある意味で、建設業が農業をやるには今がチャンスです。あとをどうやるかは非常に難しい問題がありますけど、土地の取得については難しい問題ではないと言えます。

場所がいいとか、土地がいいとか悪いとかいろいろな問題がありますけど、うちのように50ヘクタールも1カ所では買えないわけです。今は名寄・士別・風連と、場所的に6カ所に点在しています。本当は1カ所で40から50ヘクタール、せめて25ヘクタールぐらいまとめて買えば、輸送コストや作業能率からいくと非常に便利でいいわけですけど、相手がいるわけですからね。俺の所の水田は5町歩だとか、畑を5町歩とか、そのようにばらばらに点在して買わざるを得ないわけです。条件的にまとまって集落で全部売るからというのは難しいわけです。農業経営者も内容がまちまちですからね。

そのように非常に効率の悪い土地の買い方をしているけれど、ある程度大型経営をやろうと思えば、それもある程度クリアしていかなければいけない。こういう経営上の、買ったほうの問題が残ることがあると思います。

私はなぜ米の産地で米作りをやらないで野菜をやっているのかというと、米は今余っている。日本の場合足りないのは、穀物類は自給率が十何％、全体では40％ちょっとの自給率しかないわけです。そのぐらいの低い自給率で、日本は米しか余っていないわけです。あとは全部輸入です。その余っている米をやることはないという発想です。だから、うちは米は全然作っていません。別紙にあるように全部野菜類を中心に始まったわけです。

試行錯誤

やってみて、いろいろと難しい面がたくさんあった。私は全くの素人ですからね。建設業を50年やってきて、農業には興味は持っていたけど、やるのは初めてです。しかも社員5、6名と、あとはパートの作業員ということで、うちの社員も農業経験者が1人もいません。全くの素人が会社を作ってやることで非常に大変な思いをしました。

今年で3年目ですけど、大体作ることはできる。例えばハウスをやります。必ず買い手が来るのです。うちのように大型になると市場としてはかなり魅力なんですね。だから、やるのならトマトはこういう品種で、作り方も教えるよ。その代わり肥料を買ってくれとか、アフター的な条件が付いてくるわけですが、ほとんど知らなくても教えてくれる人がたくさんいます。

うちは農協にも入っているのですが、農協でもそういう指導はしてくれますし、振興センターもあります。上川支庁であれば、農業の普及センターがありまして、農薬の使い方、肥料の使い方、ものの作り方は全部教えてくれます。しかも取引先の市場の関係者、肥料屋さん、苗を売る種屋さん、こうやってやれと教えてくれます。あまりたくさん来ると情報が混乱して、どっちが本当なのか分からなくなるぐらいです。

そういうところから試行錯誤で、まずトマトをやった。アスパラはもともと作っている所を買ったものですから、あれは1回やると10年ぐらい取れるんです。今は6ヘクタールぐらいアスパラを作っています。これは新しくやった所もありますけど、追肥などの手当ては必要ですが、大体10年間ぐらいは取りっ放しです。アスパラは最初だけきちんとやれば、管理だけうまくやればあとはいい。

トマトとかそのあとの作物は、始めは有機でやるかという話だった。有機栽培はみんな簡単に思っているけれど、こんな難しいものはないです。家庭菜園で2、30坪の所で農薬も化学肥料も使わないで堆肥をちょこっとやって、やろうと思えばできますよ。これは家庭菜園だからできる。事業として面積を広げてやって失敗したら、1年に1作ですから簡単なもんじゃない。私ども1年目に、ちょっと有機もやってみるかなということでブロッコリーをやったのです。

有機栽培にはＪＡＳと特別栽培という二つがあります。特別栽培というのは完全有機の一歩手前ですが認証がもらえるわけです。それをやってブロッコリーに青虫が付いちゃって、しょうがないからピンセットで取らせた。そしたら、このネコ車に1杯ぐらいたまるんです。そんな馬鹿なことをやっていた。そのぐらい有機栽培は難しいんですね。だから、ものによっては低農薬でもどうしても農薬を使わなければいけないものが実際にはあります。完全無農薬でやるのは、ものによってはできると思いますが、できないものもあるとだんだん分かってきました。無農薬というのは大変だけど、しっかり作れば味もいいし値段も良くなる。これは間違いないです。その代わりコストも非常にかかる。

将来的には有機栽培を目指すべきだと思いますね。そのためには土地にしっかりと堆肥をやって、しっかりとしたいい作物が取れるような土壌を作っていく。しっかりしたものを作れば病気にかかりにくい。虫だけはどうもならないと思いますけど、これも今は有機用の農薬みたいなものがあります。だけど、高いんです。例えば魚介類のヒトデをある程度加工して農薬の代わりに使うとか、いろいろな方法がありますがコストが高くつく。だけども、こだわってやる場合はできないことはない。

有機でやる場合には覚悟をきちんと決めてやる。3年、4年ぐらいは低農薬でいろいろなことをやって、ものの作り方をしっかりと覚えて、しかもその間に堆肥などの土壌管理をしておく。水田をやっている農家から土地を買っても、農薬・化学肥料を使っている場合は土地がやせている。そういう土地を畑にする場合にはしっかりと土壌を改良する。やはり基本は堆肥だと思います。堆肥も今は微生物など発酵技術が進んでいますから、さまざまな方法で土地を改良していく。そして、なるべく化学肥料を使わないで、多少の農薬はしばらく使わなければいけないかもしれないけれど、土地がしっかりとして作物が伸びる過程で病気に負けないものを作っていけば農薬は要らない。そういう土壌作りを基本にしてやっていくことが大事なのではないかと思います。

蔬菜を中心に1年目は赤字、2年目も赤字、今年はチャラぐらいになるかと思ったけどやっぱり多少赤字になる。農業者に言わせると、大体5年ぐらいで黒字になるほうがおかしいと。しかし私は建設業から農業をやって、初めから赤字覚悟で2年も3年も5年も赤字なんていうのは考えられないわけです。企業でやる以上は初年度から利益を上げたいのは当然です。ところが、農業は大変だし、その他のベンチャー企業もそうだと思うけど、初年度から黒字になることはほとんどないと思います。それは余程チャンスがあったか、ほかでやってないことをやって当たったか。何かがあれば別ですけど、通常の中に割り込んでいきなり黒字にするのは難しい。農業というのは厳しい環境の中で、皆さん培ってきたのだということを実感しております。

ちなみに、うちは50ヘクタールの初期投資でどのぐらいかかったかというと、土地代とか農機具、工具、倉庫を造るとか、あとはハウスを40棟ぐらい造りましたから1億円ぐらいかかっています。あとは予冷する冷蔵庫とかで大体2億円。規模を小さくすればこの半分で済むとか、更に4分の1でやれば、この4分の1ぐらいの投資で済むかどうかは別にしても、耕作面積において投資額は変わってきます。

下川で建設業者が2、3人で、ハウス2、3棟から実験的にやっている。それはそれで利口なやり方だと思います。あまり一遍にやるよりは、そういう小さなことで実験の積み重ねで、投資が無駄にならないとか、赤字にならないようにやっていく堅実な方法があります。また多少リスクがあっても、このぐらいの面積でいかないと、将来展望からいくと採算が合わないという採算ラインもあります。ハウスを全面的にやるのか、ハウスと露地をセットにしてやる、露地だけでやる方法もあります。

北見とか十勝のほうではあまりハウスでやりたがらない。今年8月に、うちのハウスに北見の蔬菜組合が大型バス2台、60人ぐらいが視察に来た。北見は、僕らからすると日照時間は長いし雪が降らないから、ハウスをやるのに非常に最適な場所で、「ぜひハウスでトマトをやったらいいんじゃないですか、条件がいいんだから」と言うと、あんまりいい顔しない。やる必要がないんだと。

北見とか十勝管内の人は総じて、設備がきちんとしたバレイショとかタマネギの大型農業ですから、米作りの7ヘクタールとか8ヘクタールの農業をやっていません。恐らく2、3人で機械でやって収穫して人件費がかからない。それはそれで成り立っているから、やらないほうがいいというのが、十勝の蔬菜業者の大体の考え方です。

農業・こんな強い面白い職業はない

私の所はトマトハウスで1・5ヘクタールやっているのですが、これの売り上げはうまくいって2千万円ぐらいです。奈井江町でトマトをうちと同じ条件でやっている人が、1・5ヘクタールで1億円取っている。うちの5倍ぐらいの収入が上がっている。その差は何かということになるわけで、それはやっぱり10年ぐらい苦労しているのです。ブランド化して、もう売ることの心配がない。全部契約して、ものを作ったら、「おまえ、取りに来い」という感じでやっている。

そこまでいくと、農業はこんな強い面白い職業はないのではないか。何でもそうだけど、ブランド化してお客さんをつかんでしまうと、農業は一番面白いし、やりがいのある職業だ。例えば、建設帰農の会の名簿を皆さんに提供しましたが、今年1月、東京に集まって建設業者ばかりで会を作ったのです。その中に東北でコシヒカリを中心にお米専門で有機栽培をやっている人がいて、この人は本当に素晴らしいです。1俵60キロ当たり6万円で売っています。結構な面積を作っているのです。そこまで持っていくには大変な苦労があると思いますが、やり方で面白いことがあるのではないかと思います。

資金と販路

あとは資金問題は大事なことなので申し上げます。まず農業をやる場合に5千万円の投資をかけるか1億円かけるか、いろいろですが、うちの場合は初期投資が2億円でした。1年、2年で赤字になったら、その赤字の分も初めから資金繰りに入れておけばいいのだけれど、投資の金は何とかしても赤字の分は考えていなかった。農業というのは一回赤字になって金を借りに行っても、銀行は金を貸さない。投資も制度資金がありますので、スーパーL資金なんて10億円以上借りられて返済も15年、こういうものを初めから使う考えでやればよかったのだけど、中途半端にやってしまった。赤字になって金を借りようと思ったら貸してくれない。

だから初めから赤字を見込んで、事業計画の中に織り込んで借り入れして、制度資金をうまく使ってやるのが一番利口な方法ではないかと思います。資金の手当ては一番大事なことですので、その辺をしっかりしておかないと、どこかでパニックになる可能性があります。

最後に販路の問題です。販路については、これは安いか高いかの問題で、農協であれば青果連、私ども旭川であれば旭一とか丸果、札幌であれば中央卸売市場。どこでもやろうと思ったら売れます。バイヤーも中におります。売ることはそんなに心配はないのですが、値段が高いか安いか。その辺を契約してやることが一番いいですね。特にうちはトマトの場合、糖度契約があります。例えば7度、7・5度、8度、9度、10度、糖度の高いものは値段が高いという契約の方法があります。

市場は競り市ですから乱高下が非常に激しい。だから、そういうところをうまく全部ミックスしながら、市場関係をよく見ながら、せっかく苦労して作ったものをいかに高く売るかということが一番大事ではないかと思います。

時間が来ましたので、以上で終わらせていただきます。どうもありがとうございました。

〈事例報告③〉

建設業の異業種参入の先駆事例—羊牧場とレストラン

北檜山町／北工建設株式会社総務課長　山北　博明

なぜ異業種参入か、なぜ羊か

皆さんはじめまして、今ご紹介いただきました北工建設の山北と申します。道南地方、桧山支庁管内の北部、9月1日に近隣町村3町が合併してできたせたな町から来ました。人口が1万1千人です。

会社所在地は旧北檜山町で、合併前は人口が大体6200人ぐらいの本当に小さな町で、そこで主に道路舗装工事業を営む、管内では中堅規模の会社に勤めています。

当社がなぜ羊牧場「ヒルトップファーム」という異業種に参入したのか、そして、なぜ羊なのか、皆さん、お知りになりたいところだと思います。

平成5年当時、バブル経済が崩壊し当地域もその波及を受け、公共事業減少の影がひしひしと押し寄せて参りました。その中で甚大な被害を及ぼした南西沖地震が発生し、一時的ですが、災害普及工事が一気に集中して当地の建設業もとても忙しい時期が1年ぐらいありました。

その緊急復旧工事が終了し、この先何年かはそれに付随する災害対策工事はあると思われましたが、その先を見据えますと、公共事業の減少は必ず来ると確信しておりました。工事受注の90％を公共事業に依存していた当社の現状を考えまして、企業の経営基盤を盤石なものにするために、地域に根差した生き残りを模索し、公共事業一本への依存を避けて関連する業務に答えを求めず、異業種進出を検討しました。

では、何を行うべきかということで、社是でもあります「地域還元型企業を目指す」ことを念頭に、地元の旧北檜山町は基幹産業が農業なので、農業分野の参入が望ましいのではないかという思いが浮んできました。

建設業界の公共事業は税金が使われている場合がほとんどで、日本の産業者は農業・漁業といった一次産業者であり、建設業界に向ける目は地元でも、結構冷たいものがありました。利益の地元還元、農業者との交流を通じて離農・遊休農地の再利用など、まだ本業が元気なうちに体制作りを図っておく必要があり、また従業員の高齢化が進む中で、雇用を確保する意味でも検討材料としました。

そこで当時、町が飼育を奨励し、5、6軒の農家が片手間で飼育をしていた羊に着目しました。ポイントを挙げますと、まず羊の飼育はほかの動物よりも容易で、出荷サイクルが約半年からと短いこと。二つ目に、離農した農家の遊休農地や畜舎の再利用により初期投資が抑えられること。三つ目に、周囲に大規模な羊牧場がなく道南地方でも需要が見込まれること。四つ目に特産品作りや地域の活性化にも期待できること。五つ目に建設部門の従業員を羊の飼育に回すことにより人員削減を行わずに済むこと。以上のことから羊の飼育を決意し、品種をサフォーク種と決定しました。

この品種決定の理由ですが、羊は世界じゅうで改良され千種類以上の品種がおり、その中で大きく二つに分類できます。ウールなど羊毛を基本とするメリノ種、コリデール種、もう一つは羊肉の生産を基本とするサフォーク種、サウスダウン種などです。当社ではラム肉生産を主軸に考え、粗食で丈夫、また早熟で大型なサフォーク種の飼育を決定しました。日本で今飼育されている約6割はサフォーク種で、今後の導入、種畜の問題からも有効的と判断しました。サフォーク種の詳しい内容は、今日皆さんにお配りしている資料の通りでございます。それは当牧場におります種牡の写真です。

羊肉は大きく二つに分類されます。最近、皆さん、よくラム肉ということを聞くと思います。ラム肉というのは生後1年未満の子羊の肉のことで、それ以上はマトンと分類しています。あともう一つ、羊肉の場合は1年から2年の間にも分類があります。これはホゲットと言います。ラムとマトンの間みたいな感じです。

異業種の畜産への進出を決意し、羊の購入、遊休農地と畜舎の手配を冬期の間に煮詰めながら、平成6年、雪解けの春、遊休農地3ヘクタールを、建設業は農地取得ができませんので借り受けました。先駆け的に飼っていた地元農家から繁殖用の羊を購入し、牧場名をヒルトップファームと命名し、企業内事業部として建設部門の事務員を牧場長としてスタートしました。

当初は社長の道楽と見られたこともありますが、先駆けで羊を飼育していた地元の農家や農協に積極的に相談し、種付けや牧草栽培、羊の毛刈りなどの技術を学びながら、飼育頭数を徐々に拡大していきました。社長が本気で取り組む姿に周囲の意識も徐々に変化してきまして、平成9年度、社長個人が農業者認定を受けて農協の組合員となり、名実共に農業者の一員となりました。

農業者となって農地取得が可能になり、同年、離農家の遊休農地50ヘクタール、今はまだそのうち25ヘクタールは山林のままですが、畜舎一式を購入しました。飼育頭数も、平成9年には100頭を超えるに至りました。

羊飼育に関するノウハウの蓄積

しかし、それまでの道のりは平坦なものではなく、事業の初期段階では腐蹄症という、足の爪から黴菌が入り、有効な対策を施さずに放置しておくと歩行困難になり、そのうち死に至るという病気にかかりました。あっという間にほとんどに感染してしまって、そのうち数頭は残念ながら死亡させてしまいました。出産時期の対応にも苦慮し、介抱むなしく死亡させてしまいました。当初は飼育が容易と考え、知識のないことも重なって大変、心の痛い結果を導いてしまいました。

そんな苦い経験から、平成8年度には宮城農業短期大学畜産科卒、翌年には帯広畜産大学大学院畜産学研究科卒を新規に採用し、伝染病予防や対処、飼料の管理、出産時期の管理等、羊の飼育に関するさまざまなノウハウを蓄積していきました。

特に飼料には気を付けて、優良な牧草栽培、これは牧草の育成時期による栄養供給分を調整するために多品種の混種栽培をし、品種はオーチャード、チモシー、クローバー、あとイタリアンライグラス等、牧草として優良な品種を採択しています。濃厚飼料の給与には、羊専用の配合飼料、「ラム肥育76」という製品を使っています。販売元はホクレンで、これは道の畜産試験場でも採用している飼料で、安心・安全な食肉生産を心掛けていきました。

そして、このラム肉にしっかりさと柔らかさを出すためにもう一つ工夫を重ねています。このしっかりさと柔らかさはちょっと微妙ですが、その辺のバランスを出すために羊には毎日あるものを与えております。これは企業秘密なので、知りたい方はあとで直接連絡をいただければノウハウをお教えしたいと思います。

平成11年には飼育頭数も200頭に近付きましたが、冬期は放牧できず畜舎の中で飼育しなければいけませんので、畜舎の問題が持ち上がりました。離農家の遊休農地5・5ヘクタールと畜舎1棟を購入して事業を拡大して参りました。専任スタッフの人件費や初期設備投資などで、収支は大幅な赤字状態が続きました。

当時はまだ現在のようなジンギスカンブームもなく、国産羊肉は金額の安い輸入羊肉に押され、全国で見ますと昭和33年には100万頭いたと言われる羊ですが、それが下降線を下り、平成11年には1万2千頭、今は大体9千頭弱ぐらいまで下がってきております。

当社でも特に固定した販売先もなく、自社でPRを兼ねて得意先に配ったり、自社の安全大会後の懇親会に従業員に賞味してもらったりして、国産羊肉の素晴らしさのPRを重ねましたが、思うように出荷量が伸びずにそういう膠着状態が続きました。

レストラン「バーベキューメーメー」オープン

その現状を打開するためには、まず食べていただけなければ、このおいしいラム肉を理解していただけないと考え、牧場の一部を造成してレストランを開業することを思い付きました。折しも、旧国鉄の鉄道客車を入手しておりまして、改装の上、店舗利用し自社で羊肉を提供することを考えました。レストラン開業でも、建設業ということで農地転用の申請がうまくいかず、申請書を書き換えること4回、農地転用をして資材置き場にするのではないかと陰口をたたかれながらも、やっと平成12年に農業委員会から承認をもらいました。実質、この申請に1年ぐらい費やしました。

そして、申請を承認していただきまして、平成13年春、ゴールデンウイーク前の営業開始に向けて、早急に造成、客車の改装と開店準備を行いました。ここでも初期投資を抑えながら開店しようということで、造成工事は自社で行いました。

盛土材は、自社のリサイクルセンターにストックしてあります、まだ利用性の低いアスファルトの再生材の規格外品、通称「ズリ」と呼んでいるのですが、それを再利用しました。そして、フェンスには架設工事で発生した橋の歩道転落防止柵を利用しました。野外棟の東屋にはU型トラフを並べて炭火が置けるように確保しました。野外棟のテーブルと椅子は、日曜大工の好きな従業員が廃木材を加工して作成しました。あと、遊具施設も設置したのですが、それは町内の幼稚園の払い下げしたものを自社で修理、塗装して設置しました。

　しかし経験のないレストランの開業ということで、飲食店の許可をいただくために客車内の厨房の設備変更等、保健所の指導を受けながら準備を進めましたが、ゴールデンウイークの開業には間に合いませんで、何とか同年6月1日のオープンにまでこぎつけました。

　当初、集客方法は家族連れをターゲットとし、遊具と羊の放牧風景の見学。お子様に喜ばれるようなイメージで、人口も少ないのでリピーターを取り込む作戦で営業を開始致しました。メニューには自社生産のメリットを最大限に利用して、生ラム肉、生にこだわりました。札幌界隈でも、生ラム専門店とか、そういうジンギスカン屋さんがあると思いますが、それはほとんど多分チルドで輸入しているものだと思います。チルドというと零度、私から言いますとそれは生ではないと思っています。

　また、この新鮮なラム肉をジンギスカンという濃いタレでごまかす手法ではもったいないと思い、塩コショウを振って召し上がれるようにしたり、ジンギスカンにはない塩ベースの塩ダレを開発してメニューに入れました。

　野外棟は炭火網焼きで行い、ジンギスカンとは一線を画して焼き肉というスタイルにしました。地元の海産物も取りそろえ、豊富なメニュー構成で幅広く対応できるように行い、そういう観点から「バーベキューガーデン　メーメー」という焼き肉の名前でオープンしました。

　価格設定も、国産羊肉としてはそれなりにリーズナブルに、店舗が町中心部から離れているため無料送迎を行うなど集客方法を考え、当初予定した金額にわずか届きませんでしたが、初年度の売り上げが

600万円を超えました。客単価で逆算したのですが、来客人数が大体2千人以上となり、上々のスタートだったと思います。

平成14年には冷夏、長雨という自然気象に悩まされて売り上げがちょっと減少してしまいましたが、新商品の開発を怠りなく実施し、平成15年にはお客様のご要望にこたえるべく、客車内の厨房では狭いので、新店舗を建設してラーメンを提供しました。そのラーメンにも一工夫して、牧場で繁殖に適さない羊、廃羊のマトンをチャーシューにしてラーメンの具材にしたり、酒のおつまみということでジャーキーにしました。あと、バーベキューなのに何かが足りないと思いまして、やっぱり串焼きが必要だろうということで、生ラムのばら肉を使ったラム串を販売しました。

平成16年には、近隣の熊石町の海洋深層水から取れた塩を、現在のレストランではナンバーワンメニューとなりました塩ダレのベースにして、味にこくとまろやかさを増加させました。そして、今年は多忙な営業マンでも気軽に食事ができるようにと丼物も開発し、サフォーク丼と命名しました。

次々と新メニューを開発し、その結果、平成15年よりも売上高は上昇し、近年のジンギスカンブームと相まって、今年度は800万円に近付く勢いです。お店がちょうど明日までなので、多分800万は超えるかとは思っています。建設業の方ですと、800万円はそんな大した金額じゃないなという感じだと思います。ただ、皆さんが普段昼食に使うお金はどのぐらいでしょう。私も昼食だったら、千円ぐらいがせいぜいです。800万円を単純に1千円で割ると8千人で、町の住民の数よりも多くなります。建設業がサービス業に進出して、初めてお客様のありがたさを実感しました。昔、故三波春夫さんが言われていた「お客様は神様です」という言葉が私の脳裏にも浮かび、もっともだと思いました。

羊牧場とレストランの経緯を簡単にご説明致しましたが、社内では異業種に進出するにあたって弊害はなかったのかという疑問があると思います。当時、やはりありました。しかし株主や役員、職員には建設の今の社長が、企業が生き残って雇用を確保していくために新分野に進出する旨を根気良く説いていきまして、その結果、大半の承認をいただいて、その中から羊部門は自主的に参画した従業員でスタートして、現在では自らできることは自ら進めようという全社的な支援体制に発展させることができました。

レストランでは土日の繁忙期になりますと、社内の従業員の集まりがウエーター役を買って出て、少しでも異業種での取り組みを応援しようという機運が根付いてきました。

知名度向上のためにホームページ

知名度向上につながった事例を紹介します。社内にパソコン好きの社員がおりまして、今の時代はIT社会で、自宅にいながら知りたい情報や世界の情勢が手に入る時代ですから、広告するならばホームページしかないと提案しました。そこで、24時間閲覧可能な便利な媒体を有効活用しない手はないと思い、独自でホームページ作成を推進してきました。公開までに約半年の月日を費やしましたが、平成15年4月に公開に至り、牧場とレストランの紹介、地方発送とインターネット販売まで対応できるようにしまして、その結果、羊部門は大きな販売戦略を行わずともお客から問い合わせをいただき、お取引に至ったのがほとんどです。

現在のお客様をご紹介しますと、資料にも書いてありますが札幌圏ですと札幌グランドホテル、千歳の北のレストラン青木、函館圏ですと湯の川のテムジン亭。そうした有名どころとお取引に至ったのが、このホームページによるものです。この冬には少量ですが、サッポロビール園ともお取引が決定しました。

こんな小さな町の小さな会社が有名どころのホテルやレストランの目に留まるなんて思ってもいませんでしたし、近年のジンギスカンブームで、ちょっと前までは毎日数件、「ホームページを見たんですが、お肉ありませんか」という問い合わせが1カ月、2カ月ぐらい続きました。最近、供給できないのが浸透してきたせいか、問い合わせはめっきりと少なくなりましたが、改めてIT社会のすごさを実感致しました。安い、そして情報量の豊富なインターネットの利用は無視できないと思います。

販路拡大にも貢献し、その販路にも十分注意しながら供給先を選定しました。現在の日本では、「どこどこ産」という産地にお客さんが敏感になっておりますので、当社としてもブランドイメージを定着させるために供給先には産地を明記してお客様に提供していただくようお願いして、販売網を広げてきました。

地域で生き残りを懸け、地域に根差した企業を目指し異業種に参入し、雇用の確保についても、建設業の閑散期は1月から3月ですが、羊はちょうど出産期で1年で一番忙しい時期に当たり、その時期に建設業の人員を羊牧場に回すことで、人員削減を減少させることもできました。生き物を大切にする心が建設部門でも生かされ、ものを大切にする心に変わりまして経費の節減に努めるようになりました。

しかし、本業の建設業のほうはやはり公共事業が目に見えて減少の一途をたどり、当社も最盛期の売り上げよりも4割弱落ち込んでおります。そのような中で羊部門の体制作りとノウハウが蓄積され、まだ元気なうちに行えたのが大きな収穫でした。

まだ羊部門単体では、レストラン部門はともかく羊の飼育の部門は初期の設備投資、専任のスタッフの人件費、専任のスタッフに「おまえは農業だから、建設よりも給料はだいぶ安いぞ」とは言えず、建設並みの給料を出している悪い循環もあります。

現在は初期段階よりも赤字幅が減少してきていますが、会社の経営状況を把握する経営審査があり、それに影響を及ぼしかねないこと、空前と言ってもいいくらいのジンギスカンブームで、供給量・売り上げとも順調に伸びました。そこで各種の農業政策の制度の利用性を加味して別法人化を検討し、平成

16年2月、農業生産法人有限会社「ヒルトップファーム」として、気持ち新たに独立採算を明確にするために法人化を行いました。しかし全部独立したわけではなくて、先程言った建設からの応援体制はそのまま継続しております。

現在のように建設業のソフトランディングなどはなく、農業分野への進出は簡単ではなくて、また、建設業で使われる重機等は整地・運搬などへの利用性はありますが、普段作業を行うのはやはり専用のトラクターなどの機械を使わなければならないですし、農業用の機械は意外と値段が高くて、また作業用途に分かれて汎用性の少ないものばかりでした。畜舎についても離農した農家から購入したため、もともと羊専用ではなくて牛舎や豚舎で、中の仕切りが多いものや屋根の低いものばかりで、畜舎の改修をしなければならないものばかりでした。

これから異業種に進出するにあたって、ハイリスク・ローリターンでは意味がないと思います。生き残りを懸けて取り組むならば、ローリスク・ハイリターンを目指して異業種に進出しなければならないと思います。農の分野、特に畜産を考えるならば専門知識のある者を最低1人は確保することをお勧めします。初期段階での体制作りや、問題が発生した場合の有効的なアドバイスが受けられる場合が多いです。

そのほかは、地域に溶け込み有効な情報を集めたり、うちは飼料の草は自前ですが、例えば飼料の草はほかの酪農家から購入することを検討していただければと思います。

当社でも現在のようなジンギスカンブームの到来を予期していたわけでもなく、北海道独自の食文化のジンギスカン、新たな可能性を羊肉に求めて、そこに需要があると確信して進出し、現在はまだ成功したとは言いきれませんが、夢を大きく持ちながら羊1頭からの採算性を高め利益を増やすために、そのほかの利用性を模索している状態です。

ここで、なぜ最近ジンギスカンブームが到来したのか私なりに分析してみますと、一つには牛肉の産地偽装による消費者の不信感、それに追い打ちを掛けるように発生したBSEの問題、もう一つは鳥インフルエンザの発生による新たな食肉探しが原因だと考えられます。

北海道では羊肉の食文化がありましたが、本州では独特の臭いで敬遠されていました。それをあるマスメディアが羊肉の成分を紹介し、脂っこさとは裏腹に低コレステロール、脂肪燃焼効果の高いカルニチンが食肉の中で一番豊富だと紹介したものですから、食べても太らないダイエット食品、ダイエット効果があるということで、特に本州の若い女性たちから煙が起こりまして、やがて独特のにおいがあるマトンに代わってラム肉をジンギスカンに使ったことにより、一気に火がついたのではないかと考えています。

今後、このブームはバブルと一緒でいずれ終わると考えております。その中で本当のものをしっかりと大切に提供していけば、必ず生き残れると確信しています。道産のラム肉の流通量は年間で2千トンぐらいだと思われます。そのほとんどが本州の高級ホテルやレストランに流れ、北海道遺産に指定されたジンギスカンもほとんどが輸入羊肉で販売されております。食の高級志向、道産品であって輸入肉のジンギスカン、それでまだまだ参入の余地を残していると思いますし、当社でももっと普及させていきたいと思っています。

今後の展開

今後の展開としては、当牧場では触れ合いや体験を基本として小学生や一般を対象とした観光牧場、それと道に種畜生産牧場の登録をしていて、優遇的に畜産試験場より種畜の払い下げをしていただいておりますので、その血統を登録して、血統を伝承する種畜供給牧場も考えております。羊にも血統があり東京にある畜産技術協会から血統書も発行されています。

また、うちはラム肉生産ですので、どうしても毎年の毛刈りで廃羊毛が出ます。それを原料とした商品開発の案が数件出ていて実験中です。あとは繁殖用の羊を現在の倍の400から500頭まで増頭し、年間600から700頭の出荷を目指しております。頭数が増えると雇用の場がまた増え、出荷量が増えますと屠場のコストが増大します。現在、当社では函館まで片道約120キロ、時間にして2時間ちょっとの距離の運搬・引き取りを毎週2回行っています。その運送コストも結構馬鹿にならないものですから、近隣町村にまだたくさんの畜産農家、養豚などもありますので、そのほかの家畜を受け入れる屠場の建設も視野に入れながら、過疎が進む地域に貢献できればと考えております。

更に観光客が増えてお金が地元に落ち、地域の活性化につながって町が元気になる。元気な町には自然とまた人が集まるという、良い循環が生まれるのではないかと思っております。

レストランでは各種イベントの参加、今は固定店舗ですが、お客様を待つスタイルからお客様の集まる場所での販売や、自家生産を強みにした都市部での新規出店、リピーターがつくようにメニューの構成や新商品の開発などを行っていきたいと思います。

現在、建設業を取り巻く環境は大変厳しい状況にあります。今後も更に厳しい状況が続くと思いますし、まだ独立採算とはいかず、本業の経営が圧迫され今後の展望が開けないと判断される場合には速やかに撤退する覚悟を持ちながら、夢を追い掛けてチャレンジ精神を忘れずに頑張っていきたいと思っております。当社が行っている異業種への進出をかいつまんでご説明致しました。ご清聴ありがとうございました。

〈事例報告④〉

農協と建設業とによる新たな地域連携
―農業コントラクター

JA大樹町事業部長　飯野　政一

ただいまご紹介いただきました大樹農協から来ました飯野です。

大樹町農協は十勝管内の南部に位置し、広尾町の隣、沿岸地帯の立地条件の所です。町の人口は6600ちょっとで小さな町です。主に農業関係については酪農・畜産が約8割です。

それでは、事例報告4の資料に基づいて大樹町農業の概要、コントラクターに取り組んできた背景、具体的な経過、建設業が農業に参入して行っている作業内容、そして実際に今年で3年目の実績について、説明していきたいと思います。

大樹町農協の概要

まず「大樹町農協の概要」です。農産部門とありますが、農産については約2千ヘクタール弱、全耕地面積の約20％ということで、農産物の生産額が24億7千万円。これは平成16年度の数字です。隣が畜産、酪農を含めまして、これの耕地面積が約８５０ヘクタール弱で、乳牛の頭数あるいは生乳の出荷数量、酪農家の戸数を載せております。畜産販売物は、生乳については８万３千トンです。畜産販売物の合計は80億円で、全体の77％を占めています。

一番大きな収入である生乳の推移では、平成６年は約６万６千トン、15年は８万トンを突破し、16年度は８万３千トン。戸数は平成６年当時１７０戸ほどあった組合員戸数が、16年では１３０戸です。これは畑作農家を除いた酪農農家の戸数です。

ＪＡ大樹町コントラクター事業運営体制

具体的にコントラクターの話に移ります。まず、ＪＡ大樹町コントラクター事業運営体制ですが、主体が農協で、その中にコントラクター運営委員会を制定し、運営委員会が大枠を決めて、私ども担当部署が動くという内容です。関係機関として、町、普及センター、農協もすべて入って「ゆとり農業推進会議」を作り、運営委員会に入っています。その中で作業部会あるいは企画部会等を運営し、委託組合員あるいは協力会社とのいろいろな打ち合わせ、協議等を行って進めているという体制・内容です。

次に、どういう作業をしているかを説明したほうが分かりやすいと思います。いろいろな作業があるわけですが、一番重要視しているのが、６月中旬から７月上旬にかけての牧草の収穫作業です。これは細切りサイレージ、グラスサイレージですが、細かく切って貯蔵するという作業で、粗飼料の収穫作業です。この内容は牧草の刈り取りから、集草、切り込み、運搬、踏み込み、密封です。その下に、二番牧草の収穫やデントコーンの収穫作業もありますが、一番ポイントになるのは６月中旬から７月上旬の一番牧草の収穫です。これの良否が大きく乳量、飼養管理に影響してきます。

それから収穫作業、刈り取り、これはトラクターでモアコンディショナーを引っ張って牧草を刈る。そして集草です。刈ると列になるのですが、３本を

1本にするという集める作業です。ハーベスターで直接トラックに積み込みをする。ここで細かく、10ミリぐらいの長さに切って積み込んで運搬するという作業です。立っているデントコーンの切り込み。バンカーサイロに運んでいってショベルで踏むような踏み込み。最後にビニールを掛けて密封して一連の作業が終わる。この密封が組合員から要望が一番多かった作業です。

作業内容には融雪剤散布作業もありますが、これは小麦畑や牧草地で3月上旬から中旬にかけて取り組んでいるものです。これもかなり重要視され、思った以上の成果あるいは利用が見込まれるという状況になっています。

取組の背景と考え方

次に、取組の背景、私ども農協の考え方です。第6次地域農業振興計画、平成14年から18年の5か年計画ですが、その中に「新たな生産システムの導入と営農支援システムの構築により、ゆとりの創出と収益性の高い農業の展開」という文言がございます。その中で「異業種等の連携による営農支援システムや、地域内受託システムにより高齢化した農業者の営農維持と、家族経営の拡大による労働力不足を補う。外部作業委託や農業機械の共同利用により、機械コストの低減と労働力の軽減を図る」という計画を立てています。

ちょうど、この年から営農の取り組みの中で、コントラクターに何らかのかたちで取り組まなければならないという方針が打ち出され、そういう人員体制も組みまして具体的に動き出した。ちょうど時期が一緒になったということです。

推進の背景には、振興計画に沿った内容で進めること、高齢化に伴う粗飼料収穫作業の困難化への対応、そして飼養規模拡大に伴う労働力不足の解消です。

当農協では昔から地域を11集団に分けて大型機械を導入し、農協で一括管理して、その時期に貸し出しをして農家が集団を組んで、それぞれ農業者が機械を運行していたという経緯がございます。今もその形態は続いておりますが、高齢化に伴う、あるいは規模拡大で牛舎の管理あるいは搾乳に取られる時間が多くなってくることもあり、牧草あるいはデントコーンを収穫する、あるいは堆肥を散布する作業、いろいろな部分で集団を構成していてもなかなかできないという実態が数年前から出てきておりました。それを踏まえて、何らかの方策を講じるということでございました。

基本的にコントラの場合、十勝管内でもかなり進んでいます。鹿追町農協や中札内農協では、農協で機械あるいは組織を立ち上げて人員も確保して、農家の農作業を受託して行っています。それが本来のコントラの姿かと思っていますが、私どもでは補助事業あるいは集団の体制が構築されていて、機械は十分にある、それをいかに運行するかに視点を置いて動き出しました。

平成14年度から実際に動いたのですが、その1、2年前から生産者部会の酪農部会の部会長さんが非常に熱心で、町の産業課長といろいろと悩みや問題点の話し合いをしていました。そこで農協が体制を組んだので、一気にその話が行政も含めて進んでいったという状況があります。

まず運営委員会を立ち上げ、要領を制定、基本方針を確定しました。その方針に沿って組合員と受託会社である建設会社の意向調査を並行して進めました。14年度はこういう調査関係ばかりで、双方にいろいろと思惑があってなかなか話が進みませんでした。

私どもが町の産業課長あるいは係長と連携して、いろいろと考えてもしょうがないのでぶつかっていきましょうということで、出向いて農家の聞き取り、建設業者には本音で当たっていきました。それと並行して作業基準と作業料金の設定。以前から農協で実施している堆肥散布や切り返し作業の取り組みも更に強化していく。そのようなことで取り組みを開始したわけです。

事業方針の中で組合員にも建設業者にも、作業基準・作業料金などの基本条件は毎年見直すのではなく、とりあえず3年間は辛抱してほしい。いったん手を挙げたら3年間は目をつぶってやってほしい。それを話しました。そうしないと不安な状況になることが考えられますので、とりあえず3年間は固定して、同じ作業を3年間やる中で、そのあとで考えましょうということで、それが今年です。

それらを受けて実際に意向調査を行いました。2００戸にアンケート用紙を配りまして回収は１７４戸です。これも配って黙っていたのでは回収できないので、1戸1戸私どもが手分けして回って聞き取りをしながら回収しました。労働力不足を感じているのが約68％。今後の農業経営の規模を拡大したいというのが四十数パーセント、現在の農作業はどうしていますかということでは、共同・集団などで行っているのが約43％です。今後の農作業を聞いたところ、外部委託の方向が１０７戸で67％でした。やはり将来は部分的にでも外部に委託しなかったら営農は難しいだろうと考えている農家が多いと判断しております。

人的資源の要望が多いというのは先程も触れましたが、機械はトラクター、いろいろな作業機、収穫作業機のハーベスターなど、それぞれ集団、個人で十分すぎるほど持っておりますが、技術を持ったオペレーターの要望が多かった。それを農家も建設業も農協も町も、それぞれ大きなリスクを持たない、あまり大きな投資もしないで、とりあえず進めないかをベースに整理しました。

組合員あるいは建設業者の問題

次に組合員あるいは建設業者の問題です。組合員とは、良質な粗飼料確保、あるいは作業効率の追求、機械の効率的な運用、受託会社である建設業者のオペレーターとの連携、指導体制はできるのかという突っ込んだ話をさせてもらっています。トータルでヘクタール当たり・時間当たりの収穫の単価低減を目指すことで位置付けております。

また、われわれ農協と建設会社が直接話をすると、かなりコスト意識が違う。一例を取りますと、平成14年に調べた時には農家の労働単価は1時間当たり1400円ぐらいでしたが、建設業者では2500円、3000円でも当たり前だという話で大きな隔たりがありました。

そこで役場に入ってもらいました。役場の産業課長が非常に熱心な方で、何とかしないと両方駄目になるということがありまして、協力する会社だけでもいいからという、思い切った腹を持って当たっていただいて、積極的に検討会あるいは打ち合わせを行っていただきました。それがなければ、恐らくこの話は前に進まなかったのではないかと思っています。

受けるほうの建設業者からはいろいろと厳しい意見も出ました。事業量が果たしてどのぐらいあるのか、事業期間はどうかということで、先行き非常に不安な話ばかりでなかなか調整が難しいということもありました。人は出しても、その出したオペレーターが果たして有効に、農家が求めるような技術を発揮できるのか。あるいは、教えてもらってもうまくできるのかという不安もありました。

それともう一つは作業が一定ではない。建設関係ではある程度作業がその人その人で固定されているのですが、農業に関しては非常に難しい、幅の広い部分がありまして、その委託内容がさまざまになってきて、果たしてできるのかと不安視する声が多々ありました。いずれにしてもそういう問題を解決しなかったら前に進みませんということで、研修会、あるいは指導を徹底して行いたいということも含めて協力を求めました。

14年は実際の作業はないのですが、運営委員会をこの1年だけで4回実施し協議をして進めました。需要調査、意向調査、あるいは8月には建設業協会との懇談会。この時は1回目の会合だったのですが、かなり厳しいご意見をいただきました。正直な話、これは話がまとまらないのではないかというぐらい厳しい意見が出ました。それだけ農業、農協に対する見方が厳しかったのかな。農協の取り組む姿勢が甘いと、もろにそのような言い方をされて非常に厳しい状況だったと今は思っております。

そして、11月から12月にかけて私どもが農家に出向いて、集団長あるいは個々の農家の聞き取りをしまして、これだけの仕事があるという実際の数字をつかみました。年が明けたらきちんとしたかたちで取りまとめしますので、必ず手を挙げてくださいという確約を取って、また建設会社の社長たちとの懇談を持ちました。

1月の1回目には建設業者同士が顔を見合わせるような場面が多々あり、なかなか前に進みませんでした。2回目に、ある建設会社の社長から「とりあえず協力しましょう」という一声が出、8社に手を挙げていただきました。需要と供給を強引に合わせた部分もありますが、幸いにもほとんど合いまして、1年目はそういうかたちでスタートすることになりました。14年度は下準備でかなり嫌なこともあったのですが、積極的に動いた結果だと思っています。

15年度についても同じような会を持ちまして、6月から作業が始まるわけです。4月から6月にかけて契約の締結、安全作業をするための研修会、あるいは農家と建設業者の実際のオペレーターとの懇談。ここについてはかなりシビアに2回ほど行ったのですが、建設業者もどこに行くのかな、農家のほうも誰が来てくれるのかなということで、非常にデリケートになるような場面もありましたが、その会議の場所で実際に詰めるときまでその内容は事務局で抑えていて、一気にふたを開けて集団見合い的な場面を作りました。これについては現在でも毎年春にはやっています。意思の疎通を図ってもらうことも含めて取り組みをしております。

実作業としては15年4月から16年3月、この時は6月の一番牧草、8月、9月に実際の作業を行っております。

併せて、研修会も行っております。これは作業の始まる前に現地研修会、これはオペレーターの操作技術です。運転操作の技術講習で、実際に作業をしながらやらなかったら、機械に乗って動かすだけでは実感がわかない、収穫作業をしながら勉強をしてもらうということで、これは現地の法人の牧場の協力を得まして、1日無駄になるかもしれないけれどもお願いしました。冬には機械を分解した状況を作って、点検等を含めてオペレーターの講習会を実施しました。これについては15年、16年、17年と同じようにやっています。

十勝支庁が私どものこういう取り組みを知りまして、農業労働力育成確保対策事業という、若干なりともこの研修会に事業を組んで助成をしたい、それを3年間継続してやりませんかという話がありました。十勝支庁が20万円、町が10万円、農協が10万円という40万円という枠の中で、この研修会をやるようなかたちで進めております。

私どもはそれが良かったと今は思っているのですが、そういう事業がなければ面倒臭いからとか、都合がつかないからやめてしまおうとなるのですが、そういう後ろから押してくれるような事業がありまして、半強制的に研修会を実施できました。

当初オペレーターの方々は遠慮したり、慣れないのでなかなかやろうとしなかったのですが、今年6月の研修会には、かなりの人数が参加しました。積極的に、あの機械を覚えたい、ということで、午後からはこれをやりたいということで、私どもが指示しなくても自ら動いてくれる。組合員が先生になってそれぞれ1名付いて教えてくれるという体制が自然にできあがりました。こういう中でオペレーターの操作技術、あるいは生産者との連携がうまくとれだしてきたのではないかと実感しています。

これについても3年間なので今年で終わるわけですが、実は再度違う事業で1年間か2年間になるか分かりませんが、大樹で実際の現地研修をやっているということで、十勝管内の建設業者のオペレーターの希望者を募って、次年度8月に大樹で2日間かけて研修会を行うことになりました。枠組みもできて協力農家も決まりまして、やることになっています。

職業訓練の場では、机上でいろいろと説明をすることはどこでもできますが、現地で機械を見ながら作業をするのは、試験牧場とか研究機関等ではなかなか難しいということもありまして、お互いに協力しながらやっていこうとなりまして、次年度も研修会をやる予定で進めています。

新規作業としては融雪剤散布です。十勝は非常に雪の多い所で、私ども十勝南部も2月ぐらいにどか雪が来る地帯です。早く雪を溶かすということで融雪剤の散布をするわけです。

これについては、ある建設業者がスキー場で使っている雪上車を買いまして、それに融雪剤を散布する機械を付けて、これを何とか有効に使ってほしいという話が15年度にありました。私どもで希望を取ったところ、非常に要望が多くて1年目で294ヘクタールの作業を行いました。17年3月に行った融雪では378ヘクタールで、どんどん増えてきている状況です。

そのように前向きに取り組んでもらっている建設会社もあります。そこの会社についてはほかの作業でもいろいろと提案してもらったり、実際に人を派遣してもらって行っているわけです。そのようにうまく連携が取れるとかなりの仕事量があると考えております。

実績

最後に、実際に作業内容の実績ですが、オペレーターの派遣では15年は7社で、受ける農家が7集団3戸でした。16年は10社で、8集団4戸。また、一括で作業を受ける会社が1社だけありました。この会社は酪農業をやりながら建設業、土建業をやっていて、もともと草地更新とか、農作業に関係する作業を行っている会社でノウハウを持っており機械もあるということで、その会社が手を挙げて一括なら受けるという話で、15年は3戸がお願いし、16年は5戸、17年は6戸。一回頼むと次の年も、頼んだほうがいいものが取れるということもあり、これも増えてくるかと思っております。

また一番牧草に限った話ですが、15年度についてはオペレーターが15名、16年は19名、今年は24名ということで会社の数は減っておりますが、出役してくれるオペレーターは増えてきています。延べ日数も増えております。

一番牧草で組合員が建設業者にどのぐらい払っているかといいますと、15年度で約１０００万円ちょっとです。16年度は１４００万円、17年度は約１５００万円で、少しずつですが増えてきております。

これに関連する受益者の状況は、一番牧草の細切りサイレージだけに限定してみますと、うちの農協でこれを作っている１００戸弱のうち、約48％がこの事業に参加しています。面積も約48％で同じです。

そのほか堆肥の散布作業は金額で申しますと15年度は約６１０万円、16年度は７７０万円です。融雪剤散布作業では、16年度が２９４ヘクタール、17年度が３７８ヘクタールで、これの作業料金は16年度は約２００万円弱、17年度が約２５０万円という実績です。

この融雪剤散布をやると実際に牧草の収穫がどうなるか。1週間ぐらい早く雪が解けるわけですから、それを普及センターと協力して調査しました。試験区のほうが明らかに、乾物収量でも増えているという数字が残っております。

今後の課題

最後に、今後の課題です。今年で3年が終わるわけですが、いろいろと見直しを掛けていかなければいけない部分があります。

一つ目は人員確保・人材育成です。人がどう動くか、どう循環できるかということが一番大きなポイントになると思います。

二つ目は農家の仕事量をいかに確保していくか。その辺の調整をきちんと進めていかなければならないと考えています。

三つ目に人材派遣と請負事業の整理です。実際は請負方式でやっていたつもりだったのですが、行政から大樹農協のやっている内容については、人材派遣に抵触する可能性があると指摘されました。17年7月に労働者派遣事業説明会として、札幌の労働局の担当職員から説明を受けました。建設業者の人材派遣の許可、農協のかかわり、あるいは農家の受け入れ側の話、いろいろと勉強して、12月中には結論を出さなければならないと思っております。

このまま農協がかかわって進めていくと、金のやり取りを含めると二重派遣になる恐れがあるという指摘を受け、この辺を整理したいと思っています。

この辺の整理をしながら、農家の実情としては、ある集団ではもう一括で任せたい、一括で請け負ってくれないかという話が出ています。集団というのは5戸の集団もあれば、8戸の集団もあるわけですが、そういう話が既に出てきております。受ける側がそういう技術的なノウハウをきちんと確保できた段階にはそういう方向に進むのではないか。

もう一つ、機械は農家に十分にあるという話をしましたが、一部更新時期に来ているものもあります。その更新時期が一つの大きなポイントになるのではないかと思っています。その辺の調整も今後、また発展させながら取り組んで参りたいと考えております。

時間も来ましたので私の報告を以上で終わらせていただきます。どうもありがとうございました。

〈質疑応答〉

地域産業の新展開

～コミュニティ・ビジネスと建設帰農を巡って

〈進行〉北海学園大学教授　神原　勝

酪農学園大学教授　松本　懿

標茶町職員　佐藤　吉彦

風連町・橋場建設・五大農園　橋場　利夫

北檜山町・北工建設・ヒルトップファーム　山北　博明

大樹町農業協同組合　飯野　政一

建設帰農は、北海道の「再建帰農」

神原　実は、今日は討論会ではありません。この企画を検討した時に、北海道の中で起こっている新しい建設帰農という動きについて、じっくりと話を聞くことを今回のメインにしたわけです。大変内容の濃いお話を伺うことができたのではないかと思っています。初めて聞くお話もたくさんありまして、非常に勉強になりました。

会場から先に質問を出していただいております。こうした今日の趣旨から、ご報告に加えてさらに中身をお答えいただくことで、私たちの理解を深めることができたらと思います。

初めに、私から一言申し上げます。「建設帰農」が今回のテーマです。標茶町のケースは新しい環境ビジネスを作っていくというお話しでしたから若干違いますが、あとの三つはまさにテーマに即したお話だったと思います。

橋場さんのお話しの資料の中に、建設帰農の全国的な試みの例が120件ほど一覧表の形で載っています。その事例の3分の1ぐらいを北海道が占めています。東北、北陸も多い。建設帰農の先端地であることは、逆に言えば、産業上それだけたくさんの問題を抱えている地域という表れだと思います。

北海道は公共事業に大きく依存していたが、それがどんどん減ってきて、将来的にそれで建設業が生き延びていく可能性は非常に低い。農業についても同じような問題がある。国際的な競争が激しい中で、農業の担い手もだんだん少なくなっていく。このままだと地域自体が崩壊してしまう。

そういう農業と建設業が結び付く。1次産業を軸にして、2次産業、3次産業がリンケージしていく中で新しいビジネスのチャンスを拡大していく試みを、今は6次産業と言っているようです。そうした新しい事例を今日、私たちは聞くことができたと思います。

地域生産力とか地域雇用力を考慮しないで地域の

成り立ちはあり得ないわけです。建設帰農という現象は、北海道という地域を再建するための取り組みであり、「再建帰農」と言ってもいいのではないかとさえ、私は思っています。そんな意味で私は今日、非常に感銘深く事例報告を聞いたわけです。

カムイ・エンジニアリングが短期間で設立された理由と雇用効果は…

神原　そこで、順番にお伺いしていきたいと思います。

まず、佐藤さんに対して質問が来ていますので読み上げます。「研究会設立から1年で会社を立ち上げたというのはとてもスピーディーに進んだと考えますが、その鍵となったビジネスモデルは何かあったのでしょうか。当初からカムイウッドをメインにした展開を想定されていたのでしょうか」ということです。

もう一つ私から補足して質問したいと思います。これは佐藤さんの所に限るわけではありませんが、新しい事業を起こす、その事業内容は地域に密接した課題を選択して行う、それを軸にしながら、その事業をいかにブランド化していくか。あるいは事業に対する支援の仕組みなど、ほかの方々にも共通するような問題がたくさんあります。その中で、雇用開発の側面についてのお話があまりなかったかと思いますので、補足していただければと思います。

佐藤　確かに2000年から勉強会を始めて会社設立が約1年半後ですので、大変短かった。初めからビジネスモデルを想定していたわけではありません。ただ、地元にあるものを有効活用したいという、ある程度の試案が全くなかったわけではありません。メンバーの中に建設廃材の中間処理プラントを持って、建設廃材とかコンクリートのブロックをリサイクルしている方がいました。リサイクルボードというのは、皆さん、コンパネをご存じだと思いますが、ああいうものについては既に商品化されて一部流通していました。ただ、非常に重く使い勝手が悪いし、質も良くない。それで敬遠されていたというか、なかなか使えない。

そういう背景の中で、地元の廃材や廃棄物を有効利用していくことが原点というか、地域ゼロエミッションを自分たちの地域で課題解決をしながらやっていく。それを、1年目の「産業廃棄物リサイクル事業研究会」で小磯先生にたたき込まれました。それがベースになっていたと思います。

2年目に全国の先進事例を見て歩く時に、たまたま大越社長が「日経エコロジー」を見ていてアインに目を留めました。思いを持っていると、やはりそういう情報も自然と目に入ってくるのかもしれません。普通の人が見ていても何とも思わないのですが、そういうことがあったのだろうと思っています。

雇用関係では、現在、臨時職員2人を入れて24名が雇用されています。会社の規模にしてはやや多い。建設需要が少なくなる冬場に向けて、どうしたらいいかということが一つの課題です。

ここは基本的には24時間稼動しているプラントです。温度をある一定程度に保ってリサイクルボードを押し出して造るという機械です。実は、隣の釧路市で太平洋炭鉱が閉山して雇用対策で非常に困っていた。そこで働いていた方々が技術的にも優れていた。工場は24時間操業の3交代制です。炭鉱で働いていた方は交代制勤務を苦にしない。そういう人が入ってくることは標茶にとってはプラスでした。また、地元からよそに出ていた方も働く場として標茶に戻ってきています。

このカムイは若手経営者と言いましたが、年代的には私より少し上の方々が中心です。そういう世代が、今このプロジェクトに挑戦しています。この動きに私よりも若い年代層が刺激を受けて、今日のテーマとは少し離れますが福祉分野に非常に興味を持っており、グループホームを昨年から立ち上げました。新規に10名を雇用しています。中心となっているのは工務店の社長や自動車修理工場の社長です。

今年に入ってから更に医療事務にも業務を拡大しました。町立病院では釧路の業者に会計事務を委託していたのですが、それをその会社が受けるようになりました。更に10名の雇用で、そこだけでも20名を超えています。

雇用関係では、今まで町外の資本に出されていたものが意外と地元でできることが分かってきました。更に、外部に委託しているものでわれわれでできるものがないかという話が、町の中で出てきている状況です。

神原　どうもありがとうございます。ついでにですが、先程の建設帰農の一覧表に標茶町の農業コントラクターの事例が挙がっていました。標茶町全体として、そういうことを盛り上げていこうというムードがあるのでしょうか。

佐藤　農業コントラクターは、地元の日野組という建設業者です。なぜそこが先行したかというと、農家の次男や三男がこの会社で働いていたことがベースになると思います。それで非常に取り組みやすかった。現在、農協もサポートセンターという組織を立ち上げて、コントラクター事業に取り組んでいます。

農業者と比べた建設業者の優位性は・・・

神原　次に、橋場さんに「先程のお話で農業参入の大変さはよく分かりましたけれども、建設業者が農業に参入してみて、既存の農業者より上回っている点、あるいは有利だった点はどんなことだったのか」という質問がきています。

橋場　既存の農業者は、ずっと以前から「2ちゃん経営」と言われています。お父さんとお母さんが中心で、場合によっては祖父母など3人ぐらいでやる。息子さんはほとんど継がないというのが実態ですね。

息子さんがいる場合は感覚が若いですから、今まで米作りをやっていたが、これではもう食べていけないということで、例えばハウスで花卉栽培に挑戦するなど、新しい農業経営の形態を作りつつあるわけです。そういう人たちは真剣に取り組みそれなりの収益を上げています。

つまり、2ちゃんや3ちゃん経営でもきちんとやれば、それなりに農業をやれると思います。

ただ、後継者がいなくて、親は年を取った、病気にもなる。こうなると、もちろん新しい形態へ変えるということがなかなかできない。

その点、法人の場合は、ハウスではなく面積を拡大して露地に取り組むとか、雇用の問題でも保険に入ります。例えば年金。われわれ法人は厚生年金に入ります。農業者には農業年金があります。今は農業年金も厚生年金に近いようなベースになってきていますが、そもそも国民年金と似ていて、厚生年金より掛け金も少ないわけですから、受け取る額も小さい。建設業で厚生年金を積み立てて、農業生産法人にしたらそれを全部移行しますから、そういう福利厚生面では有利だと思います。

ものの作り方については、既存の農業者は何十年も同じようなことをやっている。われわれ法人の場合はなかなかうまくはいかないが、新しいやり方を志向する。微生物を使って堆肥を作るとか、肥料でも農協中心では窒素・リン酸・カリという単純な総合肥料になって、これは安全で間違いないけれども、より収益性を高めるための新しい技術に則った肥料がどんどん出てきます。

作り方についても日進月歩で、品種などものすごいスピードで農業関連に入り込んできています。そういう情報をいち早くつかんで取り込んでいくという面では、既存の農家よりも優位性があるのではないかと思います。

神原　建設会社と農業生産法人では、どの位の割合でいらっしゃるんですか。

橋場　建設業から農業へ移った社員は5人です。移籍のかたちです。農業部門全部で6人のうち、1人は酪農をやっていた人です。

「工場野菜」に対する評価、可能性は・・・

神原　私から一つ趣味的な質問をさせていただき

ます。先程のお話で有機栽培とか無農薬・低農薬栽培、これは非常に難しいけれどもブランド化して、安定した販路を持っていくためには欠かすことができない要素ではないかとのことでした。

そして、これもまた建設帰農と言えるかどうか分かりませんが、類似のタイプとして工場野菜とか、水耕栽培がありますね。道内でも大規模にやっているところがあります。橋場さんは、これをどのように評価されますか。

橋場　水耕栽培はかなり前から始まっています。作付けから収穫までハウスの中で、何も手を掛けないまま機械でものができてくる。最近、道内で有名なのは浦臼町の神内ファーム。あそこは葉物が中心ですね。2ヶ月とか3ヶ月で自動的にできあがるということのようです。

そうしたやり方が今後どうなるのか。味についてはそれなりのものはできるはずですが、コスト的にはどうでしょうか。莫大な投資のはずですから。

東京のど真ん中で有名な人材派遣会社が、全く太陽光線のないビルの地下で、光だけで稲や野菜などを作っているんです。「建設帰農の会」のお世話をしてくれている米田雅子先生が、そこを見たほうがいいということで、この8月に30人程のメンバーと一緒に視察してきました。

そういう方法がいいか悪いかは別として、当面は進むと思います。ただ、水耕栽培もミツバなどは結構やっていますが、トマトなどは下火になってきました。本当の味や風味などを出すには、やはり土耕栽培じゃないと駄目なのではないかと思っているところです。

農業を担当することになった社員の反応は…

神原　私の考えている結論と大変似ていましたので安心しました。

橋場さんにもう一つ質問がきています。「異業種への参入により、社員にとっては全く違う仕事をすることになりますが、不満、反発などはありませんでしたか。役所においては大きな不満や反発が予測されるのですが…」。これは、山北さんにも同じ質問がきています。

橋場　今まで測量の機械を持って一生懸命やっていたのが、今度は畑というわけですから、初めは若干抵抗がありました。でも抵抗する元気がだんだんなくなってきている。要するに仕事がないわけですから。特に田舎ですからね。会社を辞めて明日からどこかへ行くという環境にない。本当にこれは気の毒ですね。町自体がそうなっているわけです。

ですから、入り口ではあきらめさせてしまうよりほかに方法がないですね。でも、社内事情をよく説明して、単にあきらめということでなく、前向きに帰農という新たな方向に転換していくんだということを理解させることが大事だと思います。

今ではみんな良くやってくれています。農業に入ると、極端な話、朝昼晩は関係ない。真夏になったら朝4時ごろから畑に行ってますから。夜も下手すると宿舎の作業場でやっている。4月になると温度管理が出てくる。本当にめちゃくちゃなことをやっている。やっているうちに責任感が出てくるんだと思います。暗いから休め、休暇を取れと言っても休んでくれない。もちろん時間外は払いますけどね。賃金も建設作業より大きく下がっています。

山北　全く違う仕事に就くわけですが、当社が立地している檜山地方は、農業者が建設業に従事する割合が、全道でもトップクラスです。ですから比較的農業への抵抗感がない。会社としては、農業経験者を指名していることが一つです。

それと、先程お話したように帯広畜産大学卒業者を採用しましたが、家庭の事情で辞めてしまいました。どうしてもそれをカバーしなければなりませんので、建設業からの異動ということで、元酪農で牛を飼っていた者を、羊に回したという経緯もあります。

確かに事業開始時にはそれなりに反発もありました。しかし、当時、社長が従業員や株主に頭を下げるような勢いでお願いしてスタートさせたという経緯もありましたので、大きな反発にはならなかったと思っています。

農業コントラクターを巡る課題…

神原　私の手元に届いている実践報告者への質問は以上なのですが、会場からどなたか質問ありませんか。

質問者　建設業と農協が組んだコントラクターが、これからは非常に重要になってくると思います。やっかいなのは、先程飯野さんも言っていた請負と派遣の問題です。機械は農家側というかコントラクター側にあって、人材だけ派遣するのが一番いいのですが、その派遣法が引っ掛かってくる。今後、いい展開の方法があれば教えていただきたいと思います。

飯野　私どももまだ途中段階ですが、進める中でやはり問題点がありまして、ある程度整理して大まかな方向付けをしています。

一つは、人材派遣は人材派遣ですが、それを請負にできないかということで整理しました。人材派遣で進めると農協はタッチできないのですが、建設業者さんは派遣業の申請をして許可を取らなければいけない。これは申請すれば取れるのですが、今度は農家側に受け入れたときのいろいろな制約が付いて回る。これは派遣する側以上に、労働者を使うわけですからかなり厳しい制約を受ける。いろいろな措置を講じなければならないということが分かりました。その対応は、実際には無理だろうと、私ども運営委員会では判断しています。

請負にするためにはいろいろな作業工程があるわけですが、それを一括で請け負わなければ認めてくれないのか、それとも刈り取りだけとか、収穫のハーベストのオペレーターだけとなった場合に可能かどうかという問いを労働局に上げました。これに関しては、どういう状態であっても請負形式でできる。それは建設業者と農家が、あるいは集団を組んでいれば集団の責任者が請負契約を交わせば問題がないという回答を得ています。それより踏み込んだ話になると、私どももよく分かっていないのが実情です。

それに農協がすべて関与するとなると、先程も触れましたように二重派遣になるので、いろいろな情報提供はするし、方法等は双方に提示したいと思いますが、結論から言うと農協がかかわらないかたちで建設業者と農業者が契約を交わすということで進めていきたいと思っています。

なお、農協としては、人材派遣事業、職業紹介事業、無料、有料などいろいろありますが、その職業紹介事業は申請をして許可を得ていた方がいいだろう。今は農家が個々にインターネット上で研修生とか実習生、あるいは従業員を募集しています。それを私どもの担い手センターでも行っていますが、農協もそういう事業が行えるような申請をして、許可を得ておいた方がいいのではないかという助言もいただいております。

神原　今のことは、仕事を委託して行っていただくときに、その業者と農業者が個別的にそれぞれ契約するということですか。その場合、仕事に中身に応じて時間単価などが決められていて、自動的に計算できる仕組みになっているのでしょうか。

飯野　個別契約ということです。料金については自動的にではないのですが、農協としてはある程度そうした形になることを見込みながら関わっています。

採算面は…

神原　先程、山北さんのお話を伺っていて、非常に理想高くやっておられる。理想高くというのは別に赤字を気にしないで取り組んでいるという意味ではないのですが、レストランをやって800万円の売り上げがある、昼飯が1千円で、8千人が食べたことになって住民の数よりも多い。なかなか面白い発想だなと思って感銘を受けて聞いていました。

ほかの皆さんからも、黒字という話はあまり聞かなかった。まだ最初だから仕方がないというイメージで許容されているのか。それとも、利益を上げるというよりもNPO的な存在という意味合いで事業自体をとらえておられるのか。あるいは、今をしのげば将来は上向いていくという確信の下にやられているのか…。

どうも今日のお話からは、私はどちらかと言えば理念先行型で走っているという印象を受けたのですが、その辺のニュアンスを聞かせていただけたらと思います。

佐藤　カムイの幹部の方々は、基本的には環境ビジネスは今は儲からないけれども、いずれそういう時代が来るという信念を持って経営にあたっています。皆さん、自分たちの本業がある程度まだ余裕のあるうちに、何とか軌道に乗せたい。ここ何年間が勝負だろうということでやっているようです。夢は「上場」と言っています。会社要覧にも書いてありますが、カムイ・エンジニアリングの工場は「標茶工場」とあります。なぜかと聞いたら、「ここは第1号で、ほかにいろいろと建てるから標茶工場にした」とのことでした。そういう意気込みはあるだろうと思います。

橋場　先程も申し上げましたが、建設業界は売り上げが減り、利益がなくなってくる。雇用も含めて何とかその穴を埋めるために、みんないろいろなことを考えていると思います。私も1年目から黒字になるとは思わないけれども、赤字にはしたくないというつもりでスタートした。ですが、結果的には農業はなかなか厳しいという大きな壁にぶつかったわけです。

今年はブロッコリー、トウモロコシ、トマト、アスパラガス、ニンニク、大豆、ありとあらゆるものを試験栽培的にやってみました。ただし、このようなことをいつまでもやっていてはどうにもならなくなる。徐々に赤字は減ってくるのですが、今年が一応3年目、今月いっぱいで大体の見通しはつきますので、これまで3年間の経緯を踏まえて改めて中身の見直しを掛けようと思っています。

農業の場合、作目の選択肢はいろいろあるわけです。例えばソバは安い。反収で2万円程いったら大変なもので、米なら10万円あればいいと思わなければいけない。畑ではアスパラガスをうまくやると、10アール当たり30万円とか40万円、最高なら50万円ぐらいになる。

誰でも生産性の高いものを作りたい。でも、その通りにはなかなかいかない。作り方の良し悪し、肥料や土地の問題もありますからね。だから、売り上げは低いがコストも低いソバとか、大豆、小麦などは保存も利くし、直ぐに売れなくてもいい。値段の高いときに売ればいいという発想もある。この辺りをどう整理するかがポイントになりそうです。

次は、生産から加工までをどう考えるか。例えば、大根は今年ものすごく豊作で、抜かないでそのままにしておいた方がいいんじゃないか、人件費を掛けるだけ損だという。スーパーでの売値は一本50円、卸すときは20円ぐらいになってしまう。それなら、葉っぱを切り落とし、泥をきれいに洗って出荷して運賃まで計算すると、間違っても儲かることにはならない。

そこで、何とか生産から加工、例えば大根なら漬物にしてみたらどうか、ソバだったら加工して粉にして売る、場合によっては直売所などでお客さんにそばを食べさせる。付加価値を高めるための展開方法はいろいろある。口で言うほど果たして上手くいくかどうか。しかし、経営者としては判断していかなければならない課題だと思っています。

羊肉の可能性…

神原　ぜひ頑張っていただきたいと思います。山北さんはいかがでしょうか。先程は、本体が元気なうちに片方で体力を付けておきたいということで、インターネット販売が成果を上げているというお話でしたが。

山北　札幌グランドホテルの小針シェフは、当時は洋食の調理長だったのですが、取引をさせていただいているうちに総料理長になり、今は副支配人になられました。この方にひいきにしていただいたことが一番大きいと思います。フランス料理では子羊は最高級食材ですから、売り先がないのならいっぱい紹介するというお話もいただいています。小針シェフはフードランド北海道実行委員会にも関係されていまして、道内で取り組まれているサフォークでの町興しも何かと支援していたようですが、売れるようになったら東京に出してしまったと怒って、私どもの方に目を向けていただいているところです。

その小針シェフから、「道外には出すな」と釘を刺されています。道内にも食材卸がたくさんあって、当社も去年は300頭のラム肉を出荷しました。今年はブームもありまして、注文は多いのですが繁殖用の羊を残しておきたいので、既存のお客さんにお願いして出荷制限をしています。あと3年ぐらいしますと、今我慢している分がペイするぐらいに頭数を増やせるかと思っています。

ともあれ札幌の食肉卸などで、年間100頭、200頭単位でほしいというところがたくさんありますので、増やせば増やすだけ売れるのかなという気でいます。現在は頭数も規模もまだ小さいですから。

それと、中国やモンゴルへ行きますと羊は1頭で捨てるところがないわけです。皮は衣服や住居に使われ、内蔵は腸でソーセージの皮とか加工品ができますし、ホルモンとしても食べられます。当社ではまだ無駄な生産の方法をしているのかなと思っています。

このことでも試行錯誤しています。例えば羊毛は植物に対する栄養価が高いのです。それで東北大学の八巻教授の研究成果を参考に、当社はもともと建設業ですから、工事用に使う路肩の張り芝の植生がありますが、今年は試験的に羊毛を毛刈りしたあとをちぎって敷き並べて、そこにただ芝生を置いただけでしたが、60日後の芝の育成が20センチ違いました。それを工事現場ではなくて、町内の農家や農協とタイアップして野菜生産などにも活用できないかと思っているところです。とにかく何とか利益を少しでも多くしたいと頑張っている状態です。

神原 私、以前から不思議だと思っているのは、560万道民がこぞって口を開かないことがあるのではないか。本州などから北海道にやって来ると、「北海道でジンギスカンだ！」と言って、みんなが食べている。ほとんどの人は、あれは北海道で生産した羊だと思っているわけです。だけど、「いや、実はこれは」と言わない。黙っているんですよね。本当は「これは北海道産の羊だ」と言えればいい。そういう思いをみんな持っているのではないかと思います。

私はそこだけを見ても、道内産の羊肉を拡大していくことは大いに可能性があるのではないか。嘘をつきたくないですものね。堂々と胸を張って言える状態、これは売るための一番の基礎ではないかと思います。

農業コントラクターへの進出〜建設業のメリットは…

神原 ところで、大樹町の場合には建設業から農にアプローチするというよりは、むしろ農の事情から建設業に加わってほしいということではなかったかと思います。そうしますと、建設業にとってはどういうメリットというか、思いがあったのか。そういう観点から、飯野さんにお話いただけたらと思います。

飯野 建設業の方々がどう考えているかはそれぞれで事情が違うと思います。積極的に協力してくれる会社もあるし、役場が入って、農協が言うんだから義理で付き合うというスタンスのところもあるように思います。それでも1名、2名、オペレーターとして協力してもらっています。

そういう状況の中で3年目の今年、当初から契約してもらっていた会社が自主的に会社を畳みました。元気のあるうちにやめてしまおうということで。このままいったら貴重な人材であるオペレーターが、町内からいなくなってしまうという危機感を私どもは持ちました。町の産業課長と私ども事務局で、今年1月早々に各建設業者の社長を戸別訪問しました。これは協会の会長の許可を得た上で回って、協力を継続してもらっているわけです。

その時に、ある社長から「このままでは、うちもいつまで協力できるか分からない、持たないかもしれない」という切羽詰った話を聞かされました。「こういうことで動き出した以上は、農協が中心となって一つの組織を作ったらどうだ」という提案も逆にされています。

そういうことから考えますと、参入したくてもそれに必要な投資を今はできないということもあり、人材育成、農業のノウハウをつかみたいと思っている会社と、違う方向に目を向けている会社があって、これからはバラツキが出るのかなと感じています。

われわれとしては、何とかできるところから参入してほしい。実際にもっと積極的に関わろうということでトラクターを購入した建設業者もあります。いずれにしても、農家が生産性を上げる事例ができ、建設業者にとっても農業と関わることで少しでも会社のプラスになればと考えているところです。

マーケティング面から見た場合の課題と対応は・・

松本　私から、いわばマーケティングの側面から皆さんに少し質問させていただいて宜しいでしょうか。佐藤さんからは、資金調達に関連して「コミュニティ・エンジェル」の大変興味深いお話がありました。ただ、聞いていてまだ本当の意味でのヒット商品がないのかな、という感じがしました。連続的なヒット商品の開発という観点からも営業体制が重要かと思いますが、この点どうされているのでしょうか。

橋場社長には、法人組織と農家との競争を考えたとき、コスト的に極めて難しいのではないか。特に人件費圧力が大変なはずですから、これを吸収するために現在どんな工夫をされているか、また将来的にはどうお考えになっているかをお伺いしたいと思います。

山北さんには、レストランの冬場対策をどうされるのかということと、今後のチャネル政策です。例えば札幌グランドホテルなど業務用のマーケットを主力に位置づけていくのか、あるいは一般客対象のレストラン事業にウエートを置かれるのかという点です。

飯野さんへの質問は、オペレーターによって実際の仕事のレベルにはかなり差があるのではないか。それに関して発注者側の農家の方からはどんな意見、反応があるのかということです。

佐藤　カムイ・エンジニアリングには、必ずしもこれが永続的なヒット商品だというものはまだないと思っています。営業についてては、当初は取締役中心に動いていたのですが、昨年からその考え方を改めて、実際にその商品を作っている社員や工場長を中心に関連する工務店や設計会社などを回っているようです。

橋場　農家の場合は自分でやっているわけですからね。これは作物の中に織り込み済みでやっている。法人の場合、別に人に払わなければいけない。うちではエリアごとに、例えばカボチャを5ヘクタールやったら社員を1人付ける。5ヘクタールじゃ足りないのでトウモロコシの部分も一緒に見ろと。そういう形態の中で、1人の人件費がそこに全部かかる。5人いたら5人分払わなければならない。そこが普通の農家とは違うところですね。

そういう面では確かに人件費の占めるウエートは非常に高い。だから安く使っています。使うという表現は悪いのですが、そうしてもらわないとやっていけない。ちなみに、年間では冬の問題もありますから大体240～250万円位。それに福利厚生的なものがかかりますから1人当たり概ね300万円といったところでしょうか。それでも5人いると1500万円かかってしまう。これと売り上げとの関係でみると、先生が仰ったようにどうしても人件費のウエートが高くなる。

それと冬の問題をどうするかということが悩みの種なんですね。冬も今はいろいろな作り方がありますが、暖房を使うと燃料費が高いから、これも一つの弊害になります。タラの芽とかは12月から栽培して天ぷらの食材にする。イチゴなんかもちょうど12月からやれる。ハウス1棟だけイチゴの試験栽培に取り組むのですが、燃料費との関係でどうなるか…。

そういうさまざまな制約条件の中で、人件費や燃料費、冬の対策をどうしていくか。非常に難しい問題だと認識しています。

山北　レストランは夏場のみのシーズン営業です。レストランと外販、卸の位置づけということですが、企業として単に利益を求める場合には、多分卸で全部やった方が儲かると思っています。

レストラン事業については、例えば町内に全道でもちょっと有名な36ホールあるパークゴルフ場があって、年間2万人が来ていますが食べる所がない。そういう不満への対応ということも含めて、あくまでもPRのためという考え方をしています。

飯野　オペレーターの個人差、能力差の件は、先程、人材育成で大くくりでお話ししました。機械の操作技術の向上、平準化などに関しては、農家、建設業者の双方がその重要性を理解している部分です。実際に利用した農家から、例えば「あそこは1時間2500円払っても決して高くない」といった極端な意見を聞かされることもあります。これはご指摘の通り、今後の大きな課題だと思っています。

NPOなどへの支援をどう考える…

神原　どうもありがとうございました。みなさん試行錯誤で、新しい道を作ろうと動いている。そこでたくさんの問題点があるということだと思います。個々の実践報告に対する質問はこれで終わりにしたいと思います。

松本先生、ここまでお話を伺ってきての感想と、先程、時間がなくて言い残した点があったかと思います。特にコミュニティ・ビジネス、中でもNPO等への支援の問題で、支援するのが良いのか悪いのか、また建設帰農とか新産業を起業化するとなりますと、金銭を含めた、あるいは無形の支援が必要になってくるのではないか。この辺りのことについてお話いただければと思います。

松本　私、民間団体の経験が20年以上ありまして、当時を思い出しながら胸が痛くなる思いで聞いていました。さまざまな困難を克服して、是非成功していただきたいと思います。

コミュニティ・ビジネス等への支援については意見が分かれるところではないかと思います。昨年の6月、この土曜講座で松下圭一先生が「ＮＰＯへの手助けは間違い。放っておけばいい」といった趣旨の講演をされたと、後の新聞報道で知りました。全く同感です。基本は自主自立だと思います。ＮＰＯには、民間企業と競合しても負けないような企画力・営業力を持つこと、業務の遂行能力を高めること、ミッションの達成度や仕事の成果をきちんと評価する仕組みを持つことなどが、何より求められると思います。これらの点は、コミュニティ・ビジネスの範疇でも株式会社や有限会社形態のものについては言うまでもありません。

ＹＯＳＡＫＯＩソーラン祭り組織委員会には学ぶことが多いと思っています。あそこは財団法人ですからＮＰＯの一形態ですが、ほとんど補助金に頼っていない。２億２、３千万円の総事業費のうち、補助金は札幌市からの３００万円のみ。その３００万円は公園使用料、ごみ収集費、芝生養生費名目で、後で札幌市から請求書が来てそれぞれ納めるそうです。残りの約９８・５％はチーム参加料、観覧料、テレビ放映料、民間企業・団体からの協賛金などですが、イベントの内容・方法を毎年少しずつ変革、進化させながら、いわば営業努力によって集めている。

とはいえ、このＹＯＳＡＫＯＩも、例えば道路使用について札幌市の職員が事務局スタッフと一緒に警察に出向いて折衝に当たるといった支援をしている。このようにさまざまある規制の緩和を促したり、生命維持装置にならない範囲での行政の支援はあっていいのではないでしょうか。

例えば一定のルール下での活動スペースの提供、

先程も述べた人材や出資を得るための出会いの場の設定、あるいは佐藤さんから地元の建設業者が製品をもっと理解して使ってくれればというお話がありました。アメリカでは中小企業支援施策として、連邦政府が州政府に対して中小企業枠を義務づけているそうです。つまり、新たな中小企業を育成するために、その製品を積極的に買う。社歴や売上規模、購買する期限などに基準を設けているらしいのですが、こうした政策も北海道全体として、あるいは地域ごとに考えられるのではないかと思っています。

行政を活性化させるシステムは…

神原　最後に、松本先生に会場からの質問です。「突出した職員が頑張るということではなくて、行政としてシステム化すべきことは何か。もし松本さんが15万から30万人口の市長になったとしたら、どんな手法を採り、どのようにシステム化していきますか」ということですが。

松本　市長になることは考えたことがありませんので適切なお答えになるかどうか分かりませんが、結局は人材を育て、活かすシステムだと思います。まず庁内的には、第一線の職員が自由に考え、モノが言えるような組織風土を作ることではないでしょうか。例えば職員提案にはトップが必ず目を通す、一定期間内に組織的に判断して確実に本人にフィードバックする、数が多かったりユニークな提案をした職員にはトップが直接褒めるといったルール・仕組みが、行政には大いに欠けていると思います。

産業政策の側面では、小・中学校からの経済教育が極めて重要なのに日本では行われていない。だから是非とも「起業家教育特区」を作って取り組みたい。行政の若手職員や若手経済人には合同の「塾」を作って、圧倒的な人間力・情報力などを持った真のリーダーを育成したい。こうした取り組みが、将来必ず生きてくると思います。

それと、釧路では小磯先生がその役回りなのでしょうが、地域にはきちんとコーディネートできる人材や、企業の能力や将来性を的確に見分けることのできるベンチャーキャピタリストといった人材を確保することも重要ではないかと考えます。

最後に…

神原　ありがとうございました。まだまだいろいろな展開事例がありますので、そういう事例をたくさん取り上げ、その経験から学んで中身を深めていくことがこれからの北海道に求められているのではないかと思います。

今日ご報告いただいた皆さんの、ますますの発展を祈念致しております。松本先生もありがとうございました。それではこれで終わりに致します。皆さん、どうもお疲れさまでした。

（本稿は二〇〇五年一〇月二九日、北海学園大学三号館四二番教室で開催された地方自治土曜講座の講義記録に補筆したものです。）

【執筆者紹介】

○松本　懿（まつもと・あつし）　酪農学園大学教授
1946年、北海道生まれ。1968年、北海道生産性本部（教育事業部主事、主任研究員。1977年、（社）北海道未来総合研究所（設立から参画～主任研究員、次長、所長）。1990年、北海道文理科短期大学（現在の酪農学園大学短期大学部）助教授。1999年、酪農学園大学環境システム学部助教授。2000年同教授。

○佐藤吉彦（さとう・よしひこ）　標茶町企画財政課長
1957年、北海道標茶町生まれ。1981年、北海道教育大学卒業、同年標茶町役場に採用。1992年、総務課行政開発係長。1998年、振興課企画調整係長。2003年、企画財政課長。1997年に「地方自治土曜講座inくしろ」代表。

○橋場利夫（はしば・としお）　橋場建設（株）取締役社長
1953年、日本大学短期大学部建設科（土木）卒業。同年、東邦電化様似事務所、電源開発（株）糠平ダム建設事務所勤務。1956年、法人改組により「橋場建設株式会社」専務取締役に就任。1966年、同取締役社長に就任。現在に至る。2003年、「五大農園株式会社」「カーボナイズ株式会社」設立、代表取締役社長に就任、現在に至る。

○山北博明（やまきた・ひろあき）北工建設株式会社総務部総務課長
1968年、瀬棚郡今金町生まれ。1987年、北海道檜山北高等学校卒業。同年、エヌ・ケー興業株式会社入社。1995年、北工建設株式会社入社。2004年、有限会社ヒルトップファーム取締役就任。

○飯野政一（いいの・まさいち）ＪＡ大樹町事業部長
1950年、大樹町生まれ。1968年、大樹町農協に就職。1988年、同農業機械課長代理。1992年、同燃料課長。1998年、同生産資材課長。2001年、同事業部長、現在に至る。

○神原　勝（かんばら・まさる）北海学園大学法学部教授
1943年北海道生まれ。中央大学法学部卒。財団法人東京都政調査会研究員、財団法人・地方自治総合研究所研究員、北海道大学大学院法学研究科教授などを経て、現在、北海学園大学法学部教授。

刊行のことば

「時代の転換期には学習熱が大いに高まる」といわれています。今から百年前、自由民権運動の時代、福島県の石陽館など全国各地にいわゆる学習結社がつくられ、国会開設運動へと向かう時代の大きな流れを形成しました。学習を通じて若者が既成のものの考え方やパラダイムを疑い、革新することで時代の転換が進んだのです。

そして今、全国各地の地域、自治体で、心の奥深いところから、何か勉強しなければならない、勉強する必要があるという意識が高まってきています。

北海道の百八十の町村、過疎が非常に進行していく町村の方々が、とかく絶望的になりがちな中で、自分たちの未来を見据えて、自分たちの町をどうつくり上げていくかを学ぼうと、この「地方自治土曜講座」を企画いたしました。

この講座は、当初の予想を大幅に超える三百数十名の自治体職員等が参加するという、学習への熱気の中で開かれています。この企画が自治体職員の心にこだまし、これだけの参加になった。これは、事件ではないか、時代の大きな改革の兆しが現実となりはじめた象徴的な出来事ではないかと思われます。

現在の日本国憲法は、自治体をローカル・ガバメントと規定しています。しかし、この五十年間、明治の時代と同じように行政システムや財政の流れは、中央に権力、権限を集中し、都道府県を通じて地方を支配、指導するという流れが続いておりました。まさに「憲法は変われど、行政の流れ変わらず」でした。しかし、今、時代は大きく転換しつつあります。そして時代転換を支える新しい理論、新しい「政府」概念、従来の中央、地方に替わる新しい政府間関係理論の構築が求められています。

この講座は知識を講師から習得する場ではありません。ものの見方、考え方を自分なりに受け止めてもらう。そして是非、自分自身で地域再生の自治体理論を獲得していただく、そのような機会になれば大変有り難いと思っています。

「地方自治土曜講座」実行委員長
北海道大学法学部教授　森　啓

（一九九五年六月三日「地方自治土曜講座」開講挨拶より）

地方自治土曜講座ブックレットNo. 111
コミュニティビジネスと建設帰農―北海道の事例に日本の先端を学ぶ―

2006年3月31日　初版発行　　定価（本体1，000円＋税）

著　者　松本懿／佐藤吉彦／橋場利夫／山北博明／飯野政一／神原勝
発行人　武内英晴
発行所　公人の友社
〒112-0002　東京都文京区小石川5－26－8
TEL　03－3811－5701
FAX　03－3811－5795
Eメール　koujin@alpha.ocn.ne.jp
http://www.e-asu.com/koujin/

公人の友社のブックレット一覧
（06.3.24 現在）

「地方自治土曜講座」ブックレット

《平成7年度》

No.1
現代自治の条件と課題
神原勝　900円

No.2
自治体の政策研究
森啓　600円

No.3
現代政治と地方分権
山口二郎　［品切れ］

No.4
行政手続と市民参加
畠山武道　［品切れ］

No.5
成熟型社会の地方自治像
間島正秀　500円

No.6
自治体法務とは何か
木佐茂男　［品切れ］

No.7
自治と参加アメリカの事例から
佐藤克廣　［品切れ］

No.8
政策開発の現場から
小林　勝彦・大石和也・川村喜芳
［品切れ］

《平成8年度》

No.9
まちづくり・国づくり
五十嵐広三・西尾六七　500円

No.10
自治体デモクラシーと政策形成
山口二郎　500円

No.11
自治体理論とは何か
森啓　600円

No.12
池田サマーセミナーから
間島正秀・福士明・田口晃　500円

No.13
憲法と地方自治
中村睦男・佐藤克廣　500円

No.14
まちづくりの現場から
斎藤外一・宮嶋望　500円

No.15
環境問題と当事者
畠山武道・相内俊一　［品切れ］

No.16
情報化時代とまちづくり
千葉純・笹谷幸一　［品切れ］

No.17
市民自治の制度開発
神原勝　500円

《平成9年度》

No.18
行政の文化化
森啓　600円

No.19
政策法学と条例
阿倍泰隆　［品切れ］

No.20
政策法務と自治体
岡田行雄　［品切れ］

No.21
分権時代の自治体経営
北良治・佐藤克廣・大久保尚孝
600円

No.22
地方分権推進委員会勧告と
これからの地方自治
西尾勝　500円

No.23
産業廃棄物と法
畠山武道　［品切れ］

No.25
自治体の施策原価と事業別予算
小口進一　600円

No.26
地方分権と地方財政
横山純一　［品切れ］

《平成10年度》

No.27
比較してみる地方自治
田口晃・山口二郎　［品切れ］

No.28
議会改革とまちづくり
森啓　400円

No.29
自治の課題とこれから
逢坂誠二　［品切れ］

No.30
内発的発展による地域産業の
振興
保母武彦　600円

No.31
地域の産業をどう育てるか
金井一頼　600円

No.32
金融改革と地方自治体
宮脇淳　600円

No.33
ローカルデモクラシーの統治
能力
山口二郎　400円

No.34
政策立案過程への「戦略計画」手法の導入
佐藤克廣　500円

No.35
98サマーセミナーから「変革の時」の自治を考える
神原昭子・磯田憲一・大和田建太郎
600円

No.36
地方自治のシステム改革
辻山幸宣　400円

No.37
分権時代の政策法務
礒崎初仁　600円

No.38
地方分権と法解釈の自治
兼子仁　400円

No.39
市民的自治思想の基礎
今井弘道　500円

No.40
自治基本条例への展望
辻道雅宣　500円

No.41
少子高齢社会と自治体の福祉法務
加藤良重　400円

《平成11年度》

No.42
改革の主体は現場にあり
山田孝夫　900円

No.43
自治と分権の政治学
鳴海正泰　1,100円

No.44
公共政策と住民参加
宮本憲一　1,100円

No.45
農業を基軸としたまちづくり
小林康雄　800円

No.46
これからの北海道農業とまちづくり
篠田久雄　800円

No.47
自治の中に自治を求めて
佐藤　守　1,000円

No.48
介護保険は何を変えるのか
池田省三　1,100円

No.49
介護保険と広域連合
大西幸雄　1,000円

No.50
自治体職員の政策水準
森啓　1,100円

No.51
分権型社会と条例づくり
篠原　一　1,000円

No.52
自治体における政策評価の課題
佐藤克廣　1,000円

No.53
小さな町の議員と自治体
室崎正之　900円

No.54
地方自治を実現するために法が果たすべきこと
木佐茂男　［未刊］

No.55
改正地方自治法とアカウンタビリティ
鈴木庸夫　1,200円

No.56
財政運営と公会計制度
宮脇淳　1,100円

No.57
自治体職員の意識改革を如何にして進めるか
林嘉男　1,000円

《平成12年度》

No.59
環境自治体とＩＳＯ
畠山武道　700円

No.60
転型期自治体の発想と手法
松下圭一　900円

No.61
分権の可能性
スコットランドと北海道
山口二郎　600円

No.62
機能重視型政策の分析過程と財務情報
宮脇淳　800円

No.63
自治体の広域連携
佐藤克廣　900円

No.64
分権時代における地域経営
見野全　700円

No.65
町村合併は住民自治の区域の変更である。
森啓　800円

No.66
自治体学のすすめ
田村明　900円

No.67
市民・行政・議会のパートナーシップを目指して
松山哲男　700円

No.69
新地方自治法と自治体の自立
井川博　900円

No.70
分権型社会の地方財政
神野直彦　1,000円

No.71
自然と共生した町づくり
宮崎県・綾町
森山喜代香　700円

No.72
情報共有と自治体改革
ニセコ町からの報告
片山健也　1,000円

《平成13年度》

No.73
地域民主主義の活性化と
自治体改革
山口二郎　600円

No74
分権は市民への権限委譲
上原公子　1,000円

No.75
今、なぜ合併か
瀬戸亀男　800円

No.76
市町村合併をめぐる状況分析
小西砂千夫　800円

No.78
ポスト公共事業社会と自治体
政策
五十嵐敬喜　800円

No.80
自治体人事政策の改革
森啓　800円

《平成14年度》

No.82
地域通貨と地域自治
西部忠　900円

No.83
北海道経済の戦略と戦術
宮脇淳　800円

No.84
地域おこしを考える視点
矢作弘　700円

No.87
北海道行政基本条例論
神原勝　1,100円

No.90
「協働」の思想と体制
森啓　800円

No.91
協働のまちづくり
三鷹市の様々な取組みから
秋元政三　700円

《平成15年度》

No.92
シビル・ミニマム再考
ベンチマークとマニフェスト
松下圭一　900円

No.93
市町村合併の財政論
高木　健二　800円

No.95
市町村行政改革の方向性
～ガバナンスとNPMのあいだ
佐藤克廣　800円

No.96
創造都市と日本社会の再生
佐々木雅幸　800円

No.97
地方政治の活性化と地域政策
山口二郎　800円

No.98
多治見市の政策策定と政策実行
西寺雅也　800円

No.99
自治体の政策形成力
森啓　700円

《平成16年度》

No100
自治体再構築の市民戦略
松下圭一　900円

No.101
維持可能な社会と自治
～『公害』から『地球環境』へ
宮本憲一　900円

No.102
道州制の論点と北海道
佐藤克廣　1,000円

No.103
自治体基本条例の理論と方法
神原勝　1,100円

No.104
働き方で地域を変える
～フィンランド福祉国家の取り組み
山田眞知子　800円

《平成17年度》

No.108
三位一体改革と自治体財政
岡本全勝・山本邦彦・北良治・逢坂
誠二・川村喜芳　1,000円

No.111
コミュニティビジネスと
建設帰農
松本懿・佐藤吉彦・橋場利夫・山北
博明・飯野政一・神原勝　1,000円

「地方自治ジャーナル」
ブックレット

No.2
政策課題研究の研修マニュアル
首都圏政策研究・研修研究会
1,359円

No.3
使い捨ての熱帯林
熱帯雨林保護法律家リーグ　971円

No.4
自治体職員世直し志士論
村瀬誠　971円

No.5
行政と企業は文化支援で何ができるか
日本文化行政研究会　1,166円

No.7
パブリックアート入門
竹田直樹　1,166円

No.8
市民的公共と自治
今井照　1,166円

No.9
ボランティアを始める前に
佐野章二　777円

No.10
自治体職員の能力
自治体職員能力研究会　971円

No.11
パブリックアートは幸せか
山岡義典　1,166円

No.12
市民がになう自治体公務
パートタイム公務員論研究会
1,359円

No.13
行政改革を考える
山梨学院大学行政研究センター
1,166円

No.14
上流文化圏からの挑戦
山梨学院大学行政研究センター
1,166円

No.15
市民自治と直接民主制
高寄昇三　951円

No.16
議会と議員立法
上田章・五十嵐敬喜　1,600円

No.17
分権段階の自治体と政策法務
松下圭一他　1,456円

No.18
地方分権と補助金改革
高寄昇三　1,200円

No.19
分権化時代の広域行政
山梨学院大学行政研究センター
1,200円

No.20
あなたのまちの学級編成と地方分権
田嶋義介　1,200円

No.21
自治体も倒産する
加藤良重　1,000円

No.22
ボランティア活動の進展と自治体の役割
山梨学院大学行政研究センター
1,200円

No.23
新版・2時間で学べる「介護保険」
加藤良重　800円

No.24
男女平等社会の実現と自治体の役割
山梨学院大学行政研究センター
1,200円

No.25
市民がつくる東京の環境・公害条例
市民案をつくる会　1,000円

No.26
東京都の「外形標準課税」はなぜ正当なのか
青木宗明・神田誠司　1,000円

No.27
少子高齢化社会における福祉のあり方
山梨学院大学行政研究センター
1,200円

No.28
財政再建団体
橋本行史　1,000円

No.29
交付税の解体と再編成
高寄昇三　1,000円

No.30
町村議会の活性化
山梨学院大学行政研究センター
1,200円

No.31
地方分権と法定外税
外川伸一　800円

No.32
東京都銀行税判決と課税自主権
高寄昇三　1,000円

No.33
都市型社会と防衛論争
松下圭一　900円

No.34
中心市街地の活性化に向けて
山梨学院大学行政研究センター
1,200円

No.35
自治体企業会計導入の戦略
高寄昇三　1,100円

No.36
行政基本条例の理論と実際
神原勝・佐藤克廣・辻道雅宣
1,100円

No.37
市民文化と自治体文化戦略
松下圭一　800円

No.38
まちづくりの新たな潮流
山梨学院大学行政研究センター
1,200円

No.39
ディスカッション・三重の改革
中村征之・大森彌　1,200円

No.40
政務調査費
宮沢昭夫　800円

TAJIMI CITY ブックレット

No.2
転型期の自治体計画づくり
松下圭一　1,000円

No.3
これからの行政活動と財政
西尾勝　1,000円

No.4
構造改革時代の手続的公正と第2次分権改革
手続的公正の心理学から
鈴木庸夫　1,000円

No.5
自治基本条例はなぜ必要か
辻山幸宣　1,000円

No.6
自治のかたち法務のすがた
政策法務の構造と考え方
天野巡一　1,100円

No.7
自治体再構築における行政組織と職員の将来像
今井照　1,100円

No.8
持続可能な地域社会のデザイン
植田和弘　1,000円

No.9
政策財務の考え方
加藤良重　1,000円

朝日カルチャーセンター 地方自治講座ブックレット

No.1
自治体経営と政策評価
山本清　1,000円

No.2
ガバメント・ガバナンスと行政評価システム
星野芳昭　1,000円

No.4
政策法務は地方自治の柱づくり
辻山幸宣　1,000円

No.5
政策法務がゆく!
北村喜宣　1,000円

政策・法務基礎シリーズ
―東京都市町村職員研修所編

No.1
これだけは知っておきたい自治立法の基礎
600円

No.2
これだけは知っておきたい政策法務の基礎
800円

地域ガバナンスシステム・シリーズ
（龍谷大学地域人材・公共政策開発システムオープン・リサーチ・センター企画・編集）

No.1
地域人材を育てる自治体研修改革
土山希美枝　900円

No.2
公共政策教育と認証評価システム―日米の現状と課題―
坂本勝　編著　1,100円

No.3
暮らしに根ざした心地良いまち
野呂昭彦・逢坂誠二・関原剛・吉本哲郎・白石克孝・堀尾正靱
1,100円